竟然瘦了 吃得饱了

# 健康减糖

陈 伟 编著

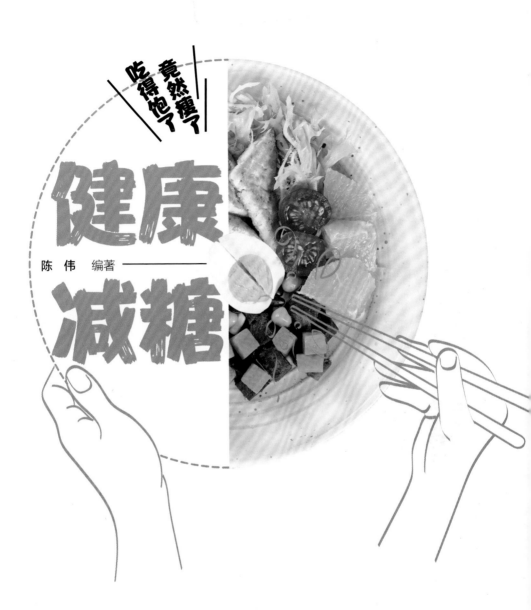

中国轻工业出版社

**图书在版编目（CIP）数据**

健康减糖 / 陈伟编著 . — 北京：中国轻工业出版社，2021.10
ISBN 978-7-5184-3614-9

Ⅰ . ①健… Ⅱ . ①陈… Ⅲ . ①保健 - 食谱 Ⅳ .
① TS972.161

中国版本图书馆 CIP 数据核字（2021）第 161326 号

责任编辑：付 佳　　　　责任终审：高惠京　　整体设计：悦然文化
策划编辑：翟 燕 付 佳　　责任校对：朱燕春　　责任监印：张京华

出版发行：中国轻工业出版社（北京东长安街 6 号，邮编：100740）
印　　刷：北京博海升彩色印刷有限公司
经　　销：各地新华书店
版　　次：2021 年 10 月第 1 版第 1 次印刷
开　　本：710×1000　1/16　印张：12
字　　数：200 千字
书　　号：ISBN 978-7-5184-3614-9　定价：58.00 元
邮购电话：010-65241695
发行电话：010-85119835　传真：85113293
网　　址：http://www.chlip.com.cn
Email：club@chlip.com.cn
如发现图书残缺请与我社邮购联系调换
210299S2X101ZBW

"减糖"这个词，想必大家都不陌生，也有不少知名人士为它代言，还有不少年轻人纷纷加入减糖的大军——不吃糖、不吃主食……

其实，糖类（碳水化合物）与蛋白质在身体内发生的一系列化学反应，简称"糖基化反应"。它一般分为两类，一类是对身体有益的酶促糖基化反应，另一类是与衰老等问题息息相关的非酶促糖基化反应。

因此，糖基化反应对人们的影响是两面性的，它既带来了身体内不可缺少的糖蛋白，也产生了对健康有害的AGEs（糖基化终末产物），因此，我们也不能以偏概全，任性减糖。因为糖是人体所需的重要营养素，一刀切地不摄入任何糖分，首先会减少酶促糖蛋白的合成，造成低血糖、贫血、营养不良等健康问题。

了解了这么多，我们就应该明白，减糖不是戒糖，而是有目的地控制糖分摄入，毕竟糖类这个家伙到底是天使还是恶魔，全在你的一念之间。

**如何科学减糖**

• 根据不同的目标来选择合适的减糖方式，如轻度减糖者每日糖分摄取量200~250克；中度减糖者每日糖分摄取量150~200克；重度减糖者每日糖分摄取量100~150克。

• 注重烹调方式，适当减少奶茶、烘烤类食物、煎炸食物等的摄入。

• 在饮食上注重荤素搭配以及肉蛋奶类的均衡摄入，这样的饮食习惯，也比只吃某一类食物产生的AGEs更低。

…………

减糖不要盲目一刀切，要按照科学的方法进行。希望大家能够通过本书正确认识减糖，科学减糖。我相信，大家不仅能通过减糖重塑健康的身体，还能使身材苗条、皮肤紧致，注意力和免疫力都得到提升。

# 目
contents
录

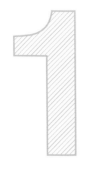

**1**

从吃糖到懂糖，
厘清减糖逻辑

## 你真的了解减糖吗　12
什么是糖？糖族谱揭秘　12

追溯疾病的根源，一定会有"糖"　15

让你显老的痕迹都与"糖"息息相关　16

没得糖尿病，需要减糖吗　17

减糖减的是什么　18

吃白糖、白米饭和杂粮饭，有什么区别　19

科学减糖，塑造三代人健康体质　22

健康减糖能让人变瘦　24

读懂食品标签，减糖更轻松　26

## 减糖　这些食物别"入坑"　28
远离！这些食物含糖量惊人　28

警惕！这些食物容易食用过量　30

当心！这些食物富含膳食纤维但含糖量也高　31

## 你适合哪种减糖方式　32
轻度减糖　32

中度减糖　33

重度减糖　34

减糖饮食实践指南　35

## 打消减糖顾虑和疑问　36
第一次减糖，应该怎么进行，从哪里入手　36

身体糖不足，会不会没有力气　36

减糖会导致营养不良吗　36

减糖后，体重会不会更容易反弹　37

哪些人不适合减糖 37

哪些情况不能减糖 37

食谱中的分量是生重还是煮熟再称 37

减糖会导致肌肉流失吗 38

减糖，可以用果汁代替碳酸饮料吗 38

减糖时应怎么选择酒和饮料 38

身体不舒服时，适合减糖吗 38

减糖必选食材，做技术型吃货

控好主食，糖类减一半 40

如何科学控好主食中的糖 40

三种减糖主食牢记于心 41

减糖，可以尽情享受畜肉类 42

减糖要多吃优质蛋白质 42

减糖懒得算热量？试试这些肉 43

海鲜水产，蛋白质和矿物质的宝库 44

海鲜水产有助于降血脂，但也不可过多食用 44

减糖必选海鲜水产食材 45

豆蛋奶及其制品，减糖的必备佳品 46

蛋奶是低糖、高营养密度食品 46

豆类是远离肥胖、衰老的超能食品 47

减糖必选豆蛋奶食材 48

菌藻类食物，低糖且富含膳食纤维 49

减糖要适当增加菌藻类食物 49

减糖必选菌藻类食材 50

**蔬菜，普遍低糖** 51

选择绿色蔬菜准没错 51

减糖尽情吃的蔬菜 52

**水果，最易踩雷的减糖食物** 53

不要以为天然的就一定是无害的 53

减糖时推荐食用的水果 54

**调料，减糖时不要委屈口感** 55

平时喜欢吃甜口的要小心这些调料 55

减糖必备调料，满足享受食物的幸福感 56

**营养快手的美味早餐** 58

粉蒸时蔬 58

什锦土豆泥 60

秋葵胡萝卜厚蛋烧 61

核桃蔬果拌鹌鹑蛋 62

蔬菜鸡蛋饼 63

蔬菜蛋饼三明治 64

时蔬黑椒牛肉卷 65

黄鱼小饼 66

金枪鱼开放式三明治 67

紫菜包饭 68

藜麦蔬菜粥 69

杂粮坚果牛奶麦片 70

红薯燕麦配酸奶 71

兼顾美味与营养的
健康减糖餐

**好学易做的居家减糖午餐** 72

虾仁拌菠菜 72

三文鱼冰草沙拉 74

白灼芦笋 75

荷塘小炒 76

胡萝卜香菇炒芦笋 77

双花炒木耳 78

蚝油杏鲍菇 79

胡萝卜炒白玉菇 80

时蔬炒魔芋 81

马蹄玉米桃仁 82

冬瓜玉米烧排骨 83

盐水猪肝 84

猪血炒木耳 85

豆腐烧牛肉末 86

黑椒牛柳 87

萝卜炖牛肉 88

子姜羊肉 89

红烧羊排 90

黄焖鸡 91

香菇焖鸡翅 92

清蒸鸽子 93

酱爆鱿鱼 94

洋葱炒鱿鱼 95

柠檬巴沙鱼 96

豆腐烧虾 97

蒜蓉蒸扇贝 98

鸡蛋山药玉米浓汤 99

冬瓜薏米老鸭汤 100

鲜虾豆腐蔬菜汤 101

干贝竹笋瘦肉汤    102

白菜罗非鱼豆腐汤    103

番茄巴沙鱼豆腐汤    104

黑米藜麦饭    105

南瓜薏米饭    106

高纤糙米饭    107

什锦燕麦饭    108

荞麦担担面    109

鸭丝菠菜面    110

豆腐比萨    111

**简约时尚的居家减糖晚餐**    112

樱桃蔬菜沙拉    112

凉拌小油菜    114

凉拌苦瓜    115

炝拌银耳    116

芹菜拌鸡丝    117

意式培根沙拉    118

家常炒菜花    120

素炒合菜    121

奶酪烤鲜笋    122

蒜香茄子    123

蒜蓉蒸丝瓜    124

丝瓜炒鸡蛋    125

葱香豆腐    126

肉末冬瓜    127

肉末蒸蛋    128

蒸圆白菜肉卷    129

蒜香牛肉粒    130

蒜蓉鸡胸肉 131

香菇蒸鸡 132

木耳熘鱼片 133

鲫鱼蒸滑蛋 134

银鱼炒蛋 135

香煎三文鱼 136

彩椒烤鳕鱼 137

五彩鳝丝 138

芹菜炒鳝丝 139

蒜香牡蛎 140

鲜虾蒸蛋 141

香橙黑蒜虾球 142

蔬果养胃汤 144

萝卜丝太阳蛋汤 145

蒸玉米棒 146

土豆鸡蛋饼 147

沙丁鱼水波蛋荞麦面 148

## 适合上班族的工作餐          150

油醋汁素食沙拉 150

黑椒牛肉拌时蔬 152

苦菊芸豆嫩鸡胸配芋头南瓜 154

藜麦双薯鲜虾沙拉 156

白灼芥蓝虾仁 158

基围虾炒西蓝花 159

鸡胸秋葵玉米便当 160

虾仁蔬菜便当 162

黑椒牛肉杂粮饭 164

巴沙鱼什锦饭 166

茼蒿瘦肉胡萝卜通心粉 167

什锦意面 168

鸡腿圆白菜荞麦面 169

**适合把酒言欢的宴客餐** 170

果仁菠菜 170

水果杏仁豆腐 172

皮蛋豆腐 173

荷兰豆拌鸡丝 174

凉拌手撕鸡 175

卤鸡爪 176

黄瓜拌鸭丝 177

清炒苋菜 178

清炒扁豆丝 179

五彩蔬菜牛肉串 180

五香酱牛肉 182

虾仁山药 184

双椒鱿鱼 185

**满足味蕾的下午茶** 186

果干烤布丁 186

橙香蒸糕 188

坚果草莓酸奶 189

草莓奶昔 190

附录

一日三餐搭配 191

减糖要符合自身的生活习惯 191

一日三餐搭配示例 192

# 01

## 从吃糖到懂糖，厘清减糖逻辑

# 你真的了解减糖吗

## 什么是糖？糖族谱揭秘

谈到减糖，很多人一定会有这样的疑问，减糖减的是什么？就是少吃或者不吃主食吗？还是尽量减掉一些添加糖就可以了？那么，究竟什么是糖，减糖减的是什么？下面一起来揭秘糖的神秘面纱。

糖可以分为狭义的糖和广义的糖。

狭义的糖，指的是精制后的食用糖，如红糖、白糖、冰糖以及饮料中添加的糖浆，还包括各种口味的奶糖、水果糖等糖果。

广义的糖可以分为单糖、双糖、寡糖和多糖。如果从化学角度来讲，糖是由碳、氢、氧这些元素组成的物质，所以又被称为碳水化合物。

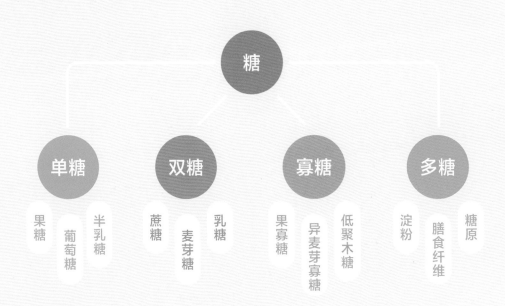

## 单糖 很容易被人体吸收

在日常生活中常提到的糖多为单糖，比如水果里含的果糖、乳品中的半乳糖、蜂蜜中的葡萄糖等。单糖可以直接被人体吸收，其中葡萄糖吸收最快。其他单糖的吸收速度低于葡萄糖。所以有人偶然出现低血糖时，服葡萄糖水可以很快升高血糖，缓解不适。

## 寡糖 调整菌群结构，调节肠道功能

寡糖不易被消化道吸收，却是益生菌的食物，能够很好地被益生菌利用，促进益生菌繁殖，因为不易消化吸收，有助于延缓血糖升高，也常被用来预防糖尿病，同时可调节肠道功能。寡糖通常存在于天然的蔬果中，如洋葱、芦笋、豆类、柠檬等均含有寡糖。

## 双糖 易溶于水，不易被人体吸收

双糖包括蔗糖、麦芽糖和乳糖。双糖分解成单糖后才能被人体吸收，吸收速度较单糖慢，较多糖快。蔗糖是典型的双糖，富含蔗糖的食物有甘蔗、甜菜等。

## 多糖 水解后分解成多个单分子单糖

多糖需要被消化分解成葡萄糖才能被人体吸收。而血液中的葡萄糖是机体热量的部分来源，如果一时消耗不了，会以糖原的形式储存于肝脏和肌肉中。如果摄入的糖分过多，超过了肝脏和肌肉的存储范围，多余的糖就会转变成脂肪。很多食糖过量的人（既包括狭义的糖，也包括广义的糖）容易肥胖。多糖，包括淀粉、纤维素、果胶等，人们吃的米、面、土豆等，都富含多糖。

## 淀粉
**谨慎食之，但也不要谈之色变**

淀粉是由葡萄糖这种单糖聚集而成，是植物的根、种子和果实用来储存能量的形式。相比单糖，淀粉是非游离态的，也就是说淀粉颗粒是聚集在一起的团块，在没有加热的状态下是稳定的。一旦加热，淀粉便开始吸收水分膨胀，形成类似胶体的淀粉网络，这个过程叫淀粉糊化。糊化程度越高，越容易被打散成葡萄糖等单糖，也越易被人体吸收。比如同种食物大米，做成粥就比做成米饭糊化程度高；不同食物，大米饭就比燕麦米饭含有更高的淀粉比例，所以更易糊化。这也是减糖的重点，不同食物之间是可以替换的，虽然吃的是同种或者同类食物，减糖程度是不同的。土豆、红薯、芋头等均富含淀粉，应作为主食而不是蔬菜。

## 膳食纤维
**每天应摄入25克以上**

膳食纤维是一种不能被人体消化的碳水化合物，主要分为两类：水溶性膳食纤维与非水溶性膳食纤维。其主要功能有促进肠道蠕动，促进排便、调节血脂等。常见富含水溶性膳食纤维的食物有大麦、豆类、胡萝卜、柑橘、燕麦（多含在燕麦糠中）等。非水溶性膳食纤维包括纤维素、木质素和一些半纤维，多来自小麦糠、玉米糠、芹菜、果皮和根茎类蔬菜。

## 果糖
**不要被其天然的外表所蒙骗**

果糖是一种天然广泛存在于水果中的糖，也因此得名。它是一种单糖，相比葡萄糖，果糖有特殊的代谢途径，虽然它也是单糖分子，却无法直接被细胞利用变成热量，需要通过肝脏转化。若果糖摄入过多，会造成肝脏的转化压力变大，增加肝脏负担。其结果就是不仅会让人发胖，还会引发肝脏病变！

## 代糖
**不是所有的代糖都是天使**

代糖也是糖类的一种，与普通的蔗糖、白糖等相比，具有甜味，但热量要低得多。通常可以分为天然甜味剂和人工甜味剂两种。天然甜味剂有甜菊糖苷、罗汉果糖苷、甘草糖苷等；人工合成的甜味剂有阿斯巴甜、甜蜜素、蔗糖素、糖精等。一般天然甜味剂可以满足人们的口感，同时也可以减糖。但人工甜味剂近年来不断被证实可能对身体有害。

# 追溯疾病的根源，一定会有"糖"

首先看看你是否有这样的苦恼？

大家生活的这个时代，是迄今为止医疗最为发达、卫生水平最高的时代。然而，新的问题也在这个时代凸显。

## 与糖相关的各类疾病

肥胖、糖尿病、高血压、癌症、脑卒中、心肌梗死、动脉粥样硬化、血脂异常、抑郁症、哮喘、过敏症、特应性皮炎、溃疡性结肠炎……多种疾病的患病率屡创新高。

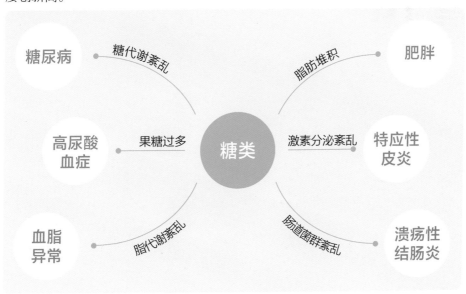

## 让你显老的痕迹都与"糖"息息相关

前言中已提到，糖基化反应指的是糖与蛋白质在身体内发生的一系列化学反应，一般分为两类，一类是对身体有益的酶促反应，另一类是与衰老等问题息息相关的非酶促反应。

因此，糖基化反应对人们的影响是两面性的，它既带来了身体需要的糖蛋白，也产生了对健康有害的AGEs，最直接的表现是皮肤易出皱纹、暗沉、毛孔粗大、松弛、长痘等问题。

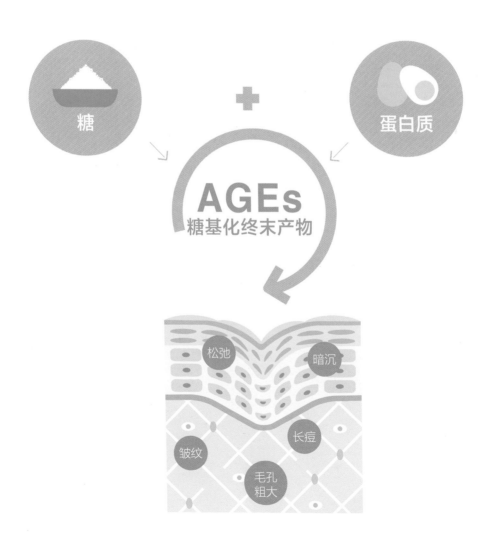

# 没得糖尿病，需要减糖吗

没得糖尿病，需要减糖吗？很多人都会有这样的疑问，虽说患糖尿病的人越来越多，但人们这样大肆宣扬减糖是不是也有点杞人忧天了？其实，要想老来少生病，减少精制糖的摄入势在必行！

## 遗传因素

研究发现，糖尿病是有遗传倾向的。如果父母有一方患有糖尿病，子女患病率为10%~20%；如果父母双方都是糖尿病患者，其子女患病率增加至30%~50%。1型糖尿病和2型糖尿病均有遗传倾向，与1型糖尿病相比，2型糖尿病的遗传倾向更加明显。其实，并不是说糖尿病患者的子女就一定会患糖尿病，是否会患，还和饮食、肥胖、环境、感染等因素相关。

## 饮食"糖化"

现如今，人民生活水平明显提高，从吃饱向吃好、"吃得精致"逐渐过渡，美食佳肴成了餐桌主角。人们对糖分的摄入也大幅提升。

## 节约基因

"节约基因"学说是由美国遗传学家尼尔首次提出的。他认为，人类祖先曾长期生活在食物匮乏中，生产力低下与人口过度繁殖导致饥荒频发。因此，那些具有节约基因、适应性能力、可以最大限度地将食物转化为脂肪储存在体内的人，才更容易生存下来。而这些具有节约基因的人，原本是自然进化的胜出者，却在稳定富足的现代社会更容易诱发"三高"等慢性病。

## 生活方式

作为传统的农业国家，祖辈是"日出而作，日落而息"的生活方式，现代人则"出门坐车，上楼电梯"，运动量少之又少；而快节奏、高强度的生活也带来很大的精神压力，这些均加剧了肥胖的发生发展。而肥胖是糖尿病的一大诱因。

# 减糖减的是什么

必须承认糖对人体的积极作用以及必不可少，但摄入过量就会造成肥胖等疾病。所以"减糖"并不是完全不能摄入糖类，而是要注意掌握好量。

## 减糖主食摄入量判定

首先要根据减糖人群的身高，计算出标准体重。标准体重等于身高（厘米）减105，比如1.65米的人的标准体重是60千克（165-105=60），然后根据体力劳动，计算出每日所需热量。比如60千克中体力劳动者每天需要1800千卡热量，可以平均分配到三餐中去，每餐就是600千卡，然后碳水化合物所供应的热量是50%~60%，如果以50%计，也就是300千卡的热量是由碳水化合物所生成。每克碳水化合物生成4千卡热量，那么一个身高是1.65米的中体力劳动者，每餐需要的碳水化合物是75克。

## 减糖就是减碳水化合物

可以认为减糖就是减碳水化合物，也就是广义的糖，不仅包括平时常见的糖，比如白糖、冰糖等，还有广泛存在于食物中的糖。这里，糖类就是指碳水化合物，包括单糖、双糖、寡糖和多糖。

## 减糖不单纯等于少吃主食

说到减糖，有人认为只要少吃主食就可以了，其实这是不准确的。很多人减糖失败，就是因为单纯少吃主食而导致营养不良。中国是农业大国，长期以米、面作为热量的主要来源，蔬果摄入严重不足。人们说的健康减糖，其实就是纠正碳水化合物摄入过多，蛋白质、维生素、矿物质等摄入不足的饮食习惯。

# 吃白糖、白米饭和杂粮饭，有什么区别

有的较真的朋友可能会思考这个问题，既然白糖、白米饭和杂粮饭都属于糖类，产生热量，那为什么人们不能只吃白糖？吃白糖、白米饭和杂粮饭有什么区别呢？

首先可以大致将碳水化合物分为两种：简单碳水化合物、复合碳水化合物。

## 简单碳水化合物

也就是人们常说的糖，能迅速为身体提供热量，其中包括加工过的淀粉（玉米淀粉、红薯淀粉等）、蔗糖（白糖、糖果等）、水果中的果糖。比如饼干、蛋糕、碳酸饮料、蜂蜜、白米饭及精制面粉制成的面条、馒头等属于简单碳水化合物食物。

## 复合碳水化合物

主要是以富含膳食纤维的食物为主，包括谷物粗粮和根类蔬菜。荞麦、燕麦、藜麦、小米、糙米、豆类、红薯、玉米等属于复合碳水化合物食物。

---

减糖
要注意

**为啥要食用足量的膳食纤维**（每日25~30克为宜）

1 吸水膨胀 → 刺激肠道消化液分泌 → 肠道蠕动变强 → 推动食物前进，减少食物残渣停留 → 促进排便

2 吸水膨胀 → 体积变大 → 占据较大胃部空间 → 饱腹感强 → 少吃其他食物 → 减肥

3 消化慢 → 延缓胃排空 → 改善肠运转 → 血糖上升慢 → 控糖

## 升糖对比

我们说的升糖水平其实是通过血糖生成指数（GI）反映的，它是用来衡量食物升高血糖能力的一种指标。如果摄入GI值高的食物，食物经过消化进入人体后血糖值上升快，反之上升慢。通常简单碳水化合物升糖快，复合碳水化合物升糖慢。

### 复合碳水化合物

与简单碳水化合物相比，复合碳水化合物在人体内的消化速度慢，可持久供能，饱腹感强。主要形式是膳食纤维和淀粉，存在于蔬菜、全谷物、豆类中。

### 简单碳水化合物

血糖升得快、降得快，很快就会有饥饿感，让人更想吃东西。简单总结为起效快，持续时间短。常见的有葡萄糖、果糖和半乳糖。面包、馒头、白米饭等均属于简单碳水化合物食物。

■ 简单碳水化合物
■ 复合碳水化合物

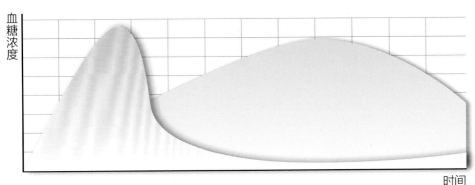

血糖浓度

时间

## 营养对比

糙米相对于精米含有更丰富的营养素，其中膳食纤维、B族维生素、维生素E含量尤为明显。

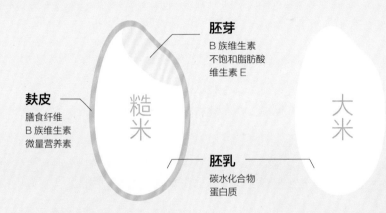

**胚芽**
B 族维生素
不饱和脂肪酸
维生素 E

**麸皮**
膳食纤维
B 族维生素
微量营养素

糙米

大米

**胚乳**
碳水化合物
蛋白质

通过以上比较，可知：

**白糖**
每100克含糖量
**99.9克**

**白米饭**
每100克含糖量
**25.9克**

**杂粮饭**
每100克含糖量
**15.1克**

**优点**

能为人体提供糖分和热量，同时满足味蕾。

**优点**

提供人体必需的碳水化合物和蛋白质。精加工，口感好。

**优点**

含有更多的维生素、矿物质以及膳食纤维。膳食纤维的饱腹感强，更抗饿，更有利于减糖。

**缺点**

满足味蕾只是一时，这种味觉的满足需要配合其他食物，否则会有不适感，比如齁得慌。而且对身体弊大于利。

**缺点**

精加工后导致一部分营养流失，营养成分不完全。

**缺点**

膳食纤维难消化，对胃肠功能不全的人不友好。

# 科学减糖，塑造三代人健康体质

## 减糖可以改变几代人的饮食习惯

中国人有一个很大的问题就是主食过度精细化、单一化，而且过度依赖主食，很多人觉得一顿饭离开了米饭、馒头、面条就等于没吃。

所以解决办法不是不吃主食，而是优化主食质量，把简单碳水降下去！

### 米饭加豆更减糖

把大米和红豆、大豆（包括黄豆、黑豆、青豆）等各色豆子按1：1的比例混合制成豆饭，不仅发挥了蛋白质的互补作用，也显著提高了饱腹感。同样一碗饭的分量，由于加入了不同的食材，使大米的分量减少，从而降低了热量。

### 薯类主食化

将土豆、红薯、山药、芋头等经过蒸或煮，直接当主食食用，也可以切块放入大米中烹煮后食用，代替部分主食。

### 米饭做得干，血糖上升慢

研究证明，米粒的完整性越好，消化速度越慢，血糖上升也就越慢。一般做熟后还能保持完整的颗粒（就是刚刚熟透又不黏糊的"整粒大米"）的米饭比"软糯米饭"更能延长胃肠道消化吸收的时间，一定程度上也能减少血糖波动。

## 减糖可以预防隐性饥饿

隐性饥饿[①]是由于营养不平衡或者缺乏某种维生素、矿物质，从而产生隐蔽性营养需求的饥饿症状。可以理解为人们为了追求更好的口感和风味，对很多食材进行了精加工处理，结果是食物口感越来越细腻，食物热量越来越高，膳食纤维和B族维生素等营养素越来越少。东西没少吃，但没吃到点上，某些营养素严重缺乏。

健康减糖，其主旨也是根据中国人的饮食习惯和特点，减少简单碳水，增加复合碳水的摄入，可以适当增加粗粮和薯类，比如糙米、玉米、荞麦、土豆和红薯等，多摄入蔬菜。还需要适当增加饮食中蛋白质的比例，以及摄入充足的维生素和矿物质，避免隐性饥饿。

### 铁
缺乏可导致缺铁性贫血，影响生长发育。
可补充动物肝脏、动物血、瘦肉、鱼虾等。

成人每日推荐摄入量
男性12毫克；女性20毫克。

### 碘
过多或过少都容易导致甲状腺疾病。
可补充海鱼、海带、紫菜等。

成人每日推荐摄入量
120微克。

### 锌
缺乏可导致偏食、复发性口腔炎、性发育迟缓、注意力不集中等。
可补充牡蛎、扇贝、牛肉、紫菜、豆类等。

成人每日推荐摄入量
男性12.5毫克；女性7.5毫克。

### 维生素 A
缺乏可导致皮肤病、暗视力低下、干眼症等。
可补充动物肝脏，还可适当多食富含胡萝卜素的食物，如胡萝卜、南瓜、芒果等。

成人每日推荐摄入量
男性800微克；女性700微克。

### 维生素 D
缺乏易导致佝偻病。
可补充奶类及其制品、动物肝脏、瘦肉、香菇等。

成人每日推荐摄入量
10微克。

①关于"隐性饥饿"更多内容可参见我社出版的《隐性饥饿》一书。

# 健康减糖能让人变瘦

很多人尝尽了各种减肥方法，就是瘦不下来，其实控制好碳水化合物的摄入量，就可以轻松减肥。这也是因为简单碳水和复合碳水其血糖生成指数不同，对减肥的作用也不同。看完下面的原理，你会发现，原来减肥不成功，是自己一直没吃对！

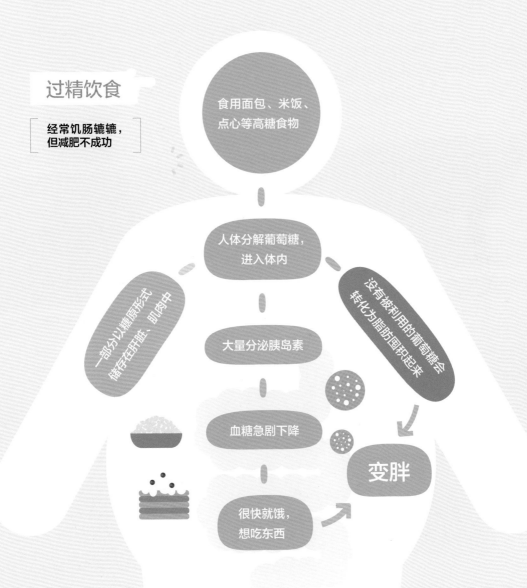

过精饮食

经常饥肠辘辘，但减肥不成功

食用面包、米饭、点心等高糖食物

人体分解葡萄糖，进入体内

一部分以糖原形式储存在肝脏、肌肉中

大量分泌胰岛素

没有被利用的葡萄糖会转化为脂肪囤积起来

血糖急剧下降

很快就饿，想吃东西

变胖

## 富糖饮食让人变胖的三个原因

| 脂肪新生 | 碳水上瘾 | 胰岛素抵抗 |
|---|---|---|
| 人们吃进的淀粉，首先给身体供能，剩下的会作为糖原储备起来，还用不完则被转化为脂肪。 | 简单碳水会让人产生幸福感，让人上瘾，越吃越想吃，不知不觉就超量了，导致肥胖。 | 经常摄糖过量，胰岛素会一直处于分泌状态，导致胰岛素抵抗。此时的身体就会释放储存脂肪的信号，使人发胖。 |

## 减糖饮食

吃得很饱，
竟然瘦了

蛋白质含量丰富（如鸡蛋、牛肉、鸡肉）或复合碳水化合物（如玉米、藜麦、燕麦）食物

人体分解葡萄糖，进入体内

蛋白质分解为氨基酸，转化为人体必需的营养

分泌人体必要的胰岛素

血糖平稳上升，不易囤积脂肪

血糖稳定

变瘦

有助控制食欲，打造易瘦体质

# 读懂食品标签，减糖更轻松

想要减糖，首先应该读懂食品配料表。食品配料表是帮助大家严格控制摄入包装食品中糖的必要技能。

## 五大基本元素必须标明

目前中国预包装食品营养成分表所执行的国家标准，是必须标明每100克该食品的总热量（能量）、蛋白质、脂肪、碳水化合物、钠的含量，并且对应标出这部分营养素占人们每日所需营养素的百分比（营养参考值），也就是NRV%那一栏。

在看营养成分表时，一定要仔细看一下营养成分表是按每100克的量来计算的，还是按一袋（如500克）或产品自己定的量（如40克）来计算的。

比如以下两种薯片的营养成分表，是分别按每100克和每40克来计算的。

| 营养成分表 | | |
|---|---|---|
| 项目 | 每100g | 营养素参考值% |
| 能量 | 2063kJ | 25% |
| 蛋白质 | 4.6g | 8% |
| 脂肪 | 21.0g | 35% |
| ——反式脂肪 | 0 | |
| 碳水化合物 | 71.0g | 24% |
| 钠 | 750mg | 38% |

| 营养成分表 | | |
|---|---|---|
| 项目 | 每份（40g） | 营养素参考值% |
| 能量 | 720kJ | 9% |
| 蛋白质 | 3.7g | 6% |
| 脂肪 | 6.6g | 11% |
| 碳水化合物 | 24.3g | 8% |
| 钠 | 40mg | 2% |

# 配料表：原料含量按从多到少排序

在购买预包装食品时，还要留意查看配料表。食品的营养品质，本质上取决于原料及其比例。按法规要求，含量最多的原料应当排在第一位，按照从多到少的顺序，最少的原料排在最后一位。以麦片产品为例，配料表上如果标示"米粉、蔗糖、麦芽糊精、燕麦、核桃……"说明其中的米粉含量最多，蔗糖次之，其中的燕麦和核桃都很少。

食品添加剂也是需要格外关注的一项。按国家标准，食品中所使用的所有食品添加剂都必须注明在配料表中。因为添加剂的使用量都很小，低于1%，所以它们"排名不分先后"。含有高"玉米糖浆""甜蜜素"等，这样的食品要谨慎挑选。

## 与糖相关的配料

很多食品会标明不添加白糖、蔗糖，但吃起来还是香香甜甜的，除了其中添加很多添加剂外，也添加了一些"隐形糖"，比如有的写不添加蔗糖，但成分里会有一些浓缩果汁或者别的糖分。

### 简单糖类

白糖、蔗糖、绵白糖、果糖、冰糖、红糖、黑糖、高果糖浆、果葡萄糖浆、结晶果糖、葡萄糖、麦芽糖、乳糖、焦糖、蜜糖、椰糖、糖粉、海藻糖、蜂蜜、枫糖浆

### 淀粉类

淀粉、变性淀粉、糊精

### 其他

浓缩果汁、麦芽萃取液、谷物胚芽萃取物

---

**减糖要注意**

## 无糖食品也不能无限制吃

所谓的"无糖食品"是不含蔗糖、葡萄糖、麦芽糖等单、双糖成分，其之所以是甜的，是因为加入了甜味剂，如木糖醇、山梨醇、麦芽醇等替代品。国家相关标准规定，"无糖"是指固体或液体食品中每100克或每100毫升的含糖量不高于0.5克。事实上，很多"无糖食品"虽是低糖，却高脂、高热量，如果不加节制地大量食用，仍会导致身体发胖。

# 减糖　这些食物别"入坑"

## 远离！这些食物含糖量惊人

　　减糖时，很容易只看到表面的糖。其实很多糖却隐藏在食物中，不易被人们发现。另外，人们容易被一些食物的表象所迷惑，摄入了高糖而不自知，减糖时，看见下列食物，头脑应该保持清醒！

**甜味饮料**

市售饮料是大家公认的不健康饮品，如何判断其中糖的含量？其实非常简单，配料表中最靠前的就是含量最多的，以此类推。通常情况下饮料配料表中第一是水，第二就是白糖了。

一块方糖（3.3克）含糖量约**3.3**克

含糖量
**20**克≈
咖啡
（1杯·210毫升）
市售拿铁咖啡饮料里一般含有不少添加糖，建议选择无糖款。

含糖量
**92**克≈
珍珠奶茶
（1杯·700毫升）
即使不额外加糖，其含糖量也约等于28块方糖，因此还是戒掉吧！

含糖量
**56**克≈
可乐
（1瓶·500毫升）
很容易上瘾，真是让人"又爱又恨"！

含糖量
**36**克≈
橙汁
（1杯·350毫升）
含糖量特别高，靠它来补充维生素 C 不是好选择。

**减糖要注意** **控制含糖饮料、精致糕点和油炸食品是减糖第一步**

含糖饮料、精致糕点一般含有较多的白糖。还有一些油炸食品，虽然吃起来好像不甜，但里面含有丰富的简单碳水化合物、脂肪等。减糖先减添加糖，是决心减糖的开端。如果平时不喜欢吃这类食物，那么恭喜你，可以直接进入下一阶段。

# 精致糕点

不仅有白糖，还有面粉、大米、糯米等原料，可谓多重糖分，尽量不吃，或者选择含糖量较少的糕点。

# 油炸食品

不仅高糖而且高脂，多食会导致血液中的胆固醇和脂肪酸过多。

含糖量
## 79克≈
### 薯片
（1袋·150克）
原料就是土豆，又采取了油炸的方式，真是高脂又高糖。

含糖量
## 56克≈
### 蛋糕
（1块·100克）
奶油蛋糕含糖量并不是蛋糕中最高的（但其热量高），纯戚风蛋糕等含糖量更高。

含糖量
## 30克≈
### 炸春卷
（3个·90克）
由面粉炸制而成，每吃一口糖分都很多。

含糖量
## 46克≈
### 曲奇饼干
（6块·90克）
原料是面粉和白糖，因为每块分量小，不知不觉就会食用过量。

含糖量
## 53克≈
### 麻花
（2根·100克）
100克麻花相当于2碗米饭的热量，热量如此惊人，糖分也不甘示弱。更有人偏爱焦糖味的，劝减糖的人，就此打住。

---

## 减糖要注意

## 减糖可以用这些零食替代高糖零食

| 奶酪 | 黑巧克力 | 纯牛奶 | 低盐核桃仁 | 低盐牛肉干 |
|---|---|---|---|---|
| 30克 | 10克 | 100克 | 5个 | 1块（20克） |
| 含糖量1.2克 | 含糖量0.6克 | 含糖量4.9克 | 含糖量0.5克 | 含糖量0.9克 |
| 补钙，抗饿 | 要选纯度高的 | 低糖又补钙 | 健脑益智 | 低糖又抗饿，富含优质蛋白质 |

# 警惕！这些食物容易食用过量

很多人都离不开主食，如果完全舍弃也做不到，更没必要。在减糖时，一般认为，以粉末状的面粉为原料的全麦面包或面条比颗粒状的米饭的GI值要高，咀嚼起来费劲的糙米、杂粮要比颗粒状的米饭GI值要低。因此，选择食材也是有诀窍的，在日常生活中要警惕以下食材。

## 精细主食　　减糖的重点

含糖量
**56克≈**
### 大米饭
（1碗·150克）
一定要减量，或用相对低糖的主食代替，最好用富含蛋白质和维生素的食物代替。

含糖量
**46克≈**
### 馒头
（1个·50克）
馒头相对于大米饭有过之而无不及，而且很多市售馒头为了增加口感还会添加一些白糖。

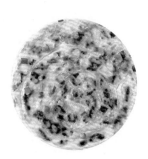

含糖量
**69克≈**
### 葱油饼
（1个·160克）
高油、高盐、高糖，减糖人士应少食。

含糖量
**56克≈**
### 意大利面
（干面80克）
意大利面的含糖量不亚于米饭，而且通常吃面更容易不知不觉就超量，想减糖一定要控制。

含糖量
**34克≈**
### 吐司
（2片装·70克）
早餐爱吃吐司的人需要注意了，2片装的吐司每片含糖量约为17克。这还是甜味一般的吐司，减糖人士要控制量。

# 当心！这些食物富含膳食纤维但含糖量也高

日常饮食中，有些食物含有较多的淀粉，而且软糯可口，很多人吃起来就停不下来，一不小心就会食用过量。减糖时可以用这类食物替代精白米面，但一定不要过量食用。

含糖量
## 15.3克
膳食纤维
## 1克
### 红薯
富含的膳食纤维可以起到润肠通便的作用。

含糖量
## 17.8克
膳食纤维
## 1.1克
### 土豆
含有丰富的钾、钙、镁等人体所必需的矿物质，其中钾元素可以预防高血压，改善水肿，具有减肥消脂的功效。

含糖量
## 12.4克
膳食纤维
## 0.8克
### 山药
富含维生素、矿物质，可以帮助预防人体脂代谢异常以及动脉粥样硬化的发生，可增强体质。

含糖量
## 22.2克
膳食纤维
## 2.9克
### 鲜玉米
含有硒和镁、谷胱甘肽等。所含的谷胱甘肽有延缓衰老的功能；玉米胚尖所含的营养物质有增强人体新陈代谢、调节神经系统功能、抗皱润肤的作用。

含糖量
## 11.5克
膳食纤维
## 2.2克
### 莲藕
含有黏液蛋白和膳食纤维，能与人体内胆酸盐等结合，使其从粪便中排出，减少脂类的吸收。

含糖量
## 12.7克
膳食纤维
## 1.0克
### 芋头
含有的黏液蛋白被人体吸收后可产生免疫球蛋白，不仅能提高机体免疫力，还可防癌抗癌。

注：上述食材中，含糖量和膳食纤维含量均以每100克计，其中膳食纤维为不溶性膳食纤维。数据来源于《中国食物成分表标准版（第6版）》。

# 你适合哪种减糖方式

## 轻度减糖

每日糖分摄入量

### 200~250克

对于有以下诉求的人，可以尝试轻度减糖。

1. 只想瘦1~2千克。
2. 对减糖半信半疑，但又跃跃欲试。
3. 离不开精白米面类食物，摄入蔬菜、蛋白质类食物过少。
4. 想健康减肥且不减肌肉，对每天算热量感到厌烦。
5. 想靠减糖变美、变漂亮。
6. 想减糖，但又不希望大幅改变现在的生活。

## 减糖方法

1. 不吃白糖、蔗糖是基本。
2. 每餐含糖量65~80克。
3. 米饭减至平时的2/3。
4. 减少菜肴中添加糖的使用。
5. 用白开水、淡茶水替代饮料。
6. 食用含糖量较低的水果，如苹果、柚子等。
7. 摄入足量蛋白质，按体重算每千克体重1~1.5克蛋白质。

## 一日三餐减糖建议搭配

**早餐** 将1杯牛奶、1个水煮蛋、3片吐司，改成1杯牛奶、1个水煮蛋、1根小香肠、2片全麦面包。

**午餐** 直接将正常饭量减至2/3，在外就餐、吃工作餐依旧可以实现。

**晚餐** 尽量自己在家做，以减少高糖、高盐调料，更利于减糖。直接将正常饭量减至2/3，可适量增加非根茎类蔬菜的摄入。

注：减糖每日糖分摄入量不建议低于100克，且执行减糖最好控制在3个月内，最多不宜超过6个月。

## 中度减糖

每日糖分摄入量

# 150~200克

对于有以下诉求的人，可以尝试中度减糖。

1. 目标瘦2~5千克，每个月减肥2~3千克。
2. 减糖已初见效果，想继续坚持。
3. 想减脂增肌，打造易瘦体质。
4. 为了平稳控制血糖，避免血脂异常。
5. 不能完全舍弃精白米面。
6. 想长期坚持，但又不想太辛苦。

## 减糖方法

1. 每餐含糖量50~65克。
2. 白米饭减至平时的1/2。
3. 摄入足量蛋白质，按体重算每千克体重1~1.5克蛋白质。
4. 用白开水、淡茶水替代市售饮料。
5. 零食尽量选择奶酪、原味坚果、水煮蛋等。

## 一日三餐减糖建议搭配

**早餐**
将1杯牛奶、1个水煮蛋、3片吐司，改成1杯牛奶、1个水煮蛋、1根香肠、2片面包，或者1杯牛奶加1份蔬菜蛋饼三明治（1片面包、1个鸡蛋、蔬菜组合）。

**午餐**
直接将正常饭量减至1/2，在外就餐、吃工作餐依旧可以实现。

**晚餐**
尽量自己在家做，以减少高糖调料。直接将正常饭量减至1/2，可适量增加非根茎类蔬菜的摄入。

## 重度减糖

每日糖分摄入量

### 100~150克

不推荐长期应用。对于有以下诉求的人，可以尝试重度减糖。

1. 想瘦5千克以上，短期内期望快速减脂。
2. 平时对主食类不是很热衷，可有可无。
3. 血糖过高，想改善饮食、控制血糖。
4. 减糖态度坚决，意志坚定。

## 减糖方法

1. 每餐含糖量35~50克。
2. 米饭减至平时的1/3。
3. 用汤或根茎类蔬菜代替米饭，增强饱腹感。
4. 选用低糖食材、调味品。
5. 可以适当增加用餐次数，只要总糖量不超标即可。

## 一日三餐减糖建议搭配

**早餐** 将1杯牛奶、1个水煮蛋、3片吐司，改成1杯牛奶、1个水煮蛋、1根香肠、1碟蔬菜。

**午餐** 直接将正常饭量减至1/3，在外就餐、吃工作餐依旧可以实现。

**晚餐** 尽量自己在家做，以减少一些高糖调料。不吃主食，可适量用非根茎类蔬菜等替代主食。

# 减糖饮食实践指南

**1 准备电子秤和量匙**

减糖生活开始前，鼓励自己下厨，这样才能准确掌握食物和调味品的内容。建议按照书中的食谱制作及配餐，准备食物电子秤和大小量匙，制作时会更得心应手。

**2 外食目测法**

有时忙起来，难免会点外卖或在外就餐。避免盖浇饭、炒面这类高糖食物类型，以可自行配菜的自助餐、清粥小菜为主要选择。

外食搭菜注重蔬菜和蛋白质食物的摄入。目测方式为：蔬菜约两个手掌，鱼肉、蛋、豆腐类为一个手掌摊平的分量。减糖时应注意少吃糖醋或浓郁酱料勾芡的食物。

**3 第一次执行请坚持 14 天**

减糖开始，一般3~7天就能适应了。但想成为习惯，一定要再坚持7天。在慢慢减少糖分的过程中，很容易对高糖食物产生渴望，这时候多想想减糖带来的益处，坚持下去。

**4 喝足水**

每天请喝1500~1700毫升的水。白开水和淡茶水都是不错的选择。饮水注意少量多次，均衡饮水对健康有益。

**5 调整作息及适量运动**

熬夜、睡眠少，容易导致体内激素分泌紊乱，让人想吃东西，诱发肥胖。运动则能有效提升基础代谢率。鼓励每周进行2~3次的有氧运动，每次30分钟，提升身体代谢。

# 打消减糖顾虑和疑问

## 第一次减糖，应该怎么进行，从哪里入手

肉脯、话梅、巧克力、仙贝、雪饼、虾条……首先把桌面上的这些都丢掉，看不见绝对是最好的办法。

其次，要了解糖，戒掉甜点和果汁，尤其是高糖碳酸饮料，以及香甜的面包糕点类食物，再进行轻度减糖。对于平时喜欢吃甜食的人，如果一下都戒掉会坐立难安、心情不悦，可以在购买时减掉一半的量，或者自己烹饪，有时享受了过程，便会有心满意足的感觉，而且自己制作对于糖分用量也能更好把控。

## 身体糖不足，会不会没有力气

人的饥饿感是大脑下丘脑与消化系统间相互作用的结果，食物的分量太少、热量太低都无法传递饱腹信息给大脑，因此可能会产生没吃饱的感觉。另外，食物本身的特性也会影响饱腹感，例如高纤、低GI的食物对于血糖刺激较小，饱腹感更强。

总之，想吃得饱又不会摄入太多热量，一定要有足够的蔬菜（每天300~500克）、适量的蛋白质和油脂（不要只吃水煮餐）；主食吃全谷杂粮（红薯、燕麦、糙米等）；改变进餐顺序，从热量密度较低的蔬菜开始吃也是一个可行的方式。

## 减糖会导致营养不良吗

大可不必有这种担心。实施健康减糖后，反而会比以前吃得更有营养，虽然减少了碳水化合物的摄入，但同时摄入了足够的蛋白质，这在一定程度上也弥补了大部分中国人蛋白质摄入不足的情况。

肉禽蛋类、水产类、奶及奶制品、大豆及其制品都是优质蛋白质来源，通过合理搭配，不仅能够补充优质蛋白质，还能丰富脂类、维生素和矿物质。

相反，摄入过多的碳水化合物，会导致含蛋白质丰富的肉蛋奶类以及含维生素丰富的蔬菜类摄入不足。

# 减糖后，体重会不会更容易反弹

任何一种减肥方法都需要坚持，而不是这个减肥方法初见成效，便大吃大喝，恢复以前的饮食，发现自己回到了原来的体重之后再次启动减肥计划。因此，建议不要仅仅把减糖当成一种减肥工具，应以平和的心态看待，没有压力地去执行。坚持21天后会发现，减糖和正常生活可能已融为一体。这时，在体重上或者皮肤状态上也会有变化。这样的变化会让人们对这件事更认可，也更易于坚持。

## 哪些人不适合减糖

儿童、青少年、孕妇、哺乳期人群不适合减糖。胎儿、婴儿的营养来源主要是通过母体摄入丰富而充足的营养，以供其生长发育；幼儿、青少年对各营养素的需求均较高，营养摄入不足会影响其生长发育。因此不建议上述人群采取任何特殊饮食，均衡饮食是目前补充营养素的最佳饮食方式。

## 哪些情况不能减糖

糖尿病患者、肾病患者或患有其他慢性病的人，饮食处方请咨询营养师和医生，应根据营养师和医生的建议进行调整，每个人的营养比例也各不相同。

运动量大的人、专业运动选手的饮食，此类人需要摄入的营养比例是很严格的，因此应根据运动医师或者专业指导老师的指导进行饮食。

## 食谱中的分量是生重还是煮熟再称

一般食物计算热量都是计算生重。生食和煮熟的食物重量有显著差异。之所以都按照生重称量，是因为生重好掌握，熟重不好控制。熟重一般与生重食物含水量、烹饪方式、烹饪时间等密切相关。比如蔬果清洗后将不可食用的梗、蒂、壳、皮、子等部位去除后再称，也不用担心煮熟后食材缩水变轻。米饭、面条类主食也是按照生重称量，这样数据更准确。

## 减糖会导致肌肉流失吗

很多人担心减糖会导致肌肉流失，其实这种担心是没有必要的，很多人说吃不饱、没劲儿、没有力气运动，因此肌肉会流失。记住，吃不饱和减糖并不是一回事，吃不饱，身体不能摄入充足的热量确实会导致肌肉流失。而减糖，强调的是减少碳水化合物的摄入，但要增加蛋白质的摄入量，当糖类无法为身体提供热量时，身体分解蛋白质为机体提供热量，肌肉不易流失，优质蛋白质还会促进肌肉生长。

## 减糖，可以用果汁代替碳酸饮料吗

减糖时，用果汁代替碳酸饮料是一大忌，碳酸饮料虽然被贴了很多不友好的标签，但有的果汁的含糖量较碳酸饮料更高，很多果汁虽然具有天然果糖的优势，但也不乏添加诸多添加剂。

也许有人会问，那如果用天然果汁代替呢？水果被榨成果汁，很多维生素、膳食纤维等被破坏了，即使不加白糖或其他添加剂，也没有洗完直接吃好。

## 减糖时应怎么选择酒和饮料

如果平时没有喝饮料的习惯，坚持喝白开水就可以，如果平时喜欢喝碳酸饮料或果汁，可以改为喝淡茶水、苏打水或黑咖啡。如果平时喜欢小酌，可以选择低糖酒品，比如淡啤、干啤、超干等含糖量低的；白酒可以选择低糖的蒸馏酒。

## 身体不舒服时，适合减糖吗

很多人不舒服的时候便会熬点粥，吃点甜食，认为身体负担小，其实这些都富含碳水化合物，其他营养素含量不高，不利于身体恢复。这种情况下，选择一些比较容易消化的鱼类、大豆制品等蛋白质类食物，补充充足的蛋白质，更利于身体恢复。

减糖必选食材，
做技术型吃货

O2

# 控好主食，糖类减一半

## 如何科学控好主食中的糖

如果非要吃精白米面还是有办法的。直接将米饭减掉一半，以肉类和蔬菜代替，或者用低糖类的主食代替。想吃一碗热汤面，那么就可以把面条减掉一半，以豆芽、豆腐、青菜等代替，不仅减糖，口感也更丰富，营养更均衡。

**米饭减半**

直接将米饭减掉一半，其他食材摄取不变

**面条减半**

面条减半，加豆芽、豆腐、青菜等食材

**精米用粗粮替换**

用饱腹感强、富含膳食纤维的糙米、燕麦等代替

# 三种减糖主食牢记于心

## 糙米 避免血糖骤然升降

糙米含有丰富的膳食纤维以及B族维生素，其碳水化合物含量比大米略低，但高饱腹感可以帮助人们更好地减糖。

| 减糖常见搭配 | 减糖食谱推荐 |
| --- | --- |
| ▪ 鸡肉　▪ 柿子椒<br>▪ 芹菜　▪ 豆类 | ▪ 高纤糙米饭（P107）<br>▪ 糙米巴巴木沙拉<br>▪ 鸡胸肉香菇焖糙米饭 |

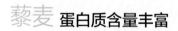

## 燕麦 维持体内血糖平衡

燕麦中含有可溶性膳食纤维，可以延缓胃的排空，增加饱腹感、促进肠胃蠕动，利于肠道中的毒素和垃圾排出。燕麦中含有大量抗氧化物质，可以清除自由基，起到美容养颜的作用。

| 减糖常见搭配 | 减糖食谱推荐 |
| --- | --- |
| ▪ 虾　　▪ 香菇<br>▪ 黄豆　▪ 牛奶 | ▪ 燕麦豆浆<br>▪ 红薯燕麦配酸奶（P71）<br>▪ 牛奶燕麦片 |

## 藜麦 蛋白质含量丰富

藜麦富含蛋白质、B族维生素，可增强机体修复力、调节免疫和内分泌、抗癌、减肥。

| 减糖常见搭配 | 减糖食谱推荐 |
| --- | --- |
| ▪ 虾仁　▪ 黑米<br>▪ 红薯　▪ 西蓝花 | ▪ 藜麦双薯鲜虾沙拉（P156）<br>▪ 黑米藜麦饭（P105） |

推荐以上三种主食，是因为其在减糖方面有比较突出的特点。其实，小米、荞麦、玉米、红豆、绿豆等也是优选，可以做成杂粮饭，也可以在面粉中加入荞麦面、玉米面等做成杂粮馒头、杂粮面条，这样既可延缓血糖升高，还增加了维生素的摄入，可谓一举多得。

# 减糖，可以尽情享受畜肉类

## 减糖要多吃优质蛋白质

　　食物蛋白质中含必需氨基酸的种类和比例，是衡量蛋白质优劣的标准，含有必需氨基酸的种类越多、含量充足、比例合理，营养价值就越高，这种蛋白质就称为完全蛋白质，也就是优质蛋白质。

　　畜肉类一般包括猪肉、牛肉、羊肉、动物内脏等，其蛋白质含量一般为10%~20%，牛羊肉含量相对较高，可达20%；猪肉较低，为13.2%左右。禽肉类一般包括鸡、鸭、鹅等，蛋白质含量为16%~20%，其中鸡肉含量最高、鹅肉次之、鸭肉较低。

**注意中式餐的烹饪方式**

红烧、鱼香、糖醋等烹饪方式往往都会加入大量的糖以增强口感，减糖期间尽量不食用这类菜品。

**尽量不食用加工肉类**

加工肉类一般包括腌腊肉制品、酱卤肉制品、熏烤肉制品、发酵肉制品等。通常所含调料、添加剂较多，其蛋白质含量也较鲜肉蛋白质含量低。

注意肉类面衣

比如咕噜肉、锅包肉等会增加淀粉摄入，而且为了增强口感还会增加白糖、番茄酱等，这对减糖是不利的。

# 减糖懒得算热量？试试这些肉

## 牛肉 优质蛋白质的来源

牛肉不仅含有丰富的优质蛋白质，还含有锌、铁等，可以补充身体所需，也是人体形成肌肉必不可少的食材。

**减糖常见搭配**
- 芹菜　胡萝卜
- 豆腐

**减糖食谱推荐**
- 豆腐烧牛肉末（P86）
- 时蔬黑椒牛肉卷（P65）
- 五香酱牛肉（P182）

## 羊肉 富含肉碱，有助于减脂

肉碱是脂肪代谢过程中的一种必需辅酶，肉碱含量越高越利于脂肪代谢。羊肉中肉碱含量很突出。

**减糖常见搭配**
- 萝卜　洋葱
- 姜

**减糖食谱推荐**
- 子姜羊肉（P89）
- 羊肉萝卜汤

## 猪肉 补充优质蛋白质，消除疲劳

无论是猪瘦肉还是肥肉，其所含碳水化合物差别并不大，但蛋白质含量相差很远，一般推荐吃猪瘦肉，猪瘦肉的蛋白质含量更高，还富含铁。

**减糖常见搭配**
- 豆芽　冬瓜
- 柿子椒

**减糖食谱推荐**
- 豆芽炒肉
- 冬瓜玉米烧排骨（P83）

## 鸡肉 低脂高蛋白的优选

鸡肉低热量、低碳水，却含有丰富的蛋白质，具有很强的饱腹感，是减脂健身人士的最爱。

**减糖常见搭配**
- 香菇　芹菜
- 茭白　豆芽

**减糖食谱推荐**
- 香菇焖鸡翅（P92）
- 芹菜拌鸡丝（P117）
- 茭白炒鸡肉

# 海鲜水产，蛋白质和矿物质的宝库

## 海鲜水产有助于降血脂，但也不可过多食用

鱼虾类水产品，除了含有易消化吸收的蛋白质外，脂肪含量普遍较低，并且以丰富的不饱和脂肪酸为主，对心血管的健康大有益处，可降血脂、改善凝血机制，减少血栓形成。

**虾蟹类的头、卵胆固醇含量高，要适量食用**

虾、蟹的卵及贝壳类含胆固醇较高，过多食用有可能使人体胆固醇升高。虾蟹类胆固醇大多集中在头部和卵中，食用时可除去这两部分。

**深海鱼不饱和脂肪酸丰富**

深海鱼类含有丰富的多不饱和脂肪酸，可以降低甘油三酯和低密度脂蛋白胆固醇，减少心血管疾病。

**减糖要注意**

### 哪种方式更减糖

**红烧鲫鱼**

含糖量
5.7克

红烧会使用大量的冰糖或者白糖，不仅含糖量高，还会促进食欲，增加进食量，对减糖不利。

**清炖鲫鱼**

含糖量
2.8克

清炖或清蒸可以保持食材原有的味道，又不用担心糖量超标。

# 减糖必选海鲜水产食材

## 鳕鱼/金枪鱼/三文鱼 低脂高蛋白，适合煎、蒸

刺少，含丰富的优质蛋白质、DHA等，肉质细嫩鲜美，可增强记忆力、平衡免疫力。减糖时，加少许调料腌渍，或放入烤箱烤或蒸制都比较适宜。

**减糖常见搭配**
- 香菇　彩椒
- 西蓝花

**减糖食谱推荐**
- 香煎三文鱼（P136）
- 三文鱼西蓝花炒饭

## 鲫鱼 调脂，控血糖

蛋白质、硒含量较高，有助于调脂、控糖、抗衰老。

**减糖常见搭配**
- 鸡蛋　豆腐
- 蘑菇　冬瓜

**减糖食谱推荐**
- 鲫鱼蒸滑蛋（P134）
- 鲫鱼炖豆腐
- 鲫鱼奶白汤

## 虾 补充蛋白质和钙

低脂高蛋白，还富含钙，有助于骨骼、牙齿健康。

**减糖常见搭配**
- 豆腐　芥蓝
- 黄瓜　枸杞子

**减糖食谱推荐**
- 鲜虾紫甘蓝沙拉
- 白灼芥蓝虾仁（P158）

## 牡蛎 改善皮肤干燥和食欲

牡蛎富含锌和优质蛋白质，有助于改善食欲，保护皮肤。

**减糖常见搭配**
- 鸡蛋　冬瓜
- 菠菜　牛奶

**减糖食谱推荐**
- 蒜香牡蛎（P140）
- 牡蛎蒸蛋

# 豆蛋奶及其制品，减糖的必备佳品

豆蛋奶及其制品都是可以轻松获取蛋白质的来源，而且烹饪方法简单，食用方便，适合早餐和加餐时食用。而且通常低糖、饱腹，是减糖时可靠的食物来源。

## 蛋奶是低糖、高营养密度食品

蛋、奶等食物营养密度高，除了富含优质蛋白质，更富含人体必需的脂肪酸、维生素和矿物质，它们能支持人体基本功能的正常运转，尤其是免疫系统的平衡。

### 蛋类营养丰富，烹饪方式简单

鸡蛋中含有丰富的优质蛋白质，是日常生活中补充营养的常见食材。水煮、蒸、炒……烹饪方式灵活。

蛋白质
**7.9**克

叶酸
**68**微克

铁
**1.0**毫克

钙
**33.6**毫克

维生素A
**153**微克

糖
**1.4**克

注：数据按1个鸡蛋60克来核算。

### 奶类提供摄取方便的蛋白质

奶及奶制品是常见的优质蛋白质来源，而且烹饪方式简单，适合早餐及加餐食用。如果想吃零食，那么奶酪、酸奶等是很好的选择。

**奶酪**

含糖量
1.3克

营养高度浓缩，在奶酪发酵成熟的过程中，乳糖已经被分解，所以，奶酪的含糖量很低。

**无糖酸奶**

含糖量
4.9克

选择无糖酸奶，更有助于减糖。

**纯牛奶**

含糖量
5.1克

牛奶含有丰富的蛋白质和钙，糖分也不高，而且具有很强的饱腹感，两餐之间如果想吃东西，牛奶是不错的选择。

# 豆类是远离肥胖、衰老的超能食品

## 减糖时替代主食的优选食物

### 杂豆

杂豆是指除黄豆、黑豆、青豆的豆类，虽蛋白质含量不及大豆，但在植物性食物中是佼佼者，蛋白质含量是大米的3倍，B族维生素含量是大米的4倍以上，膳食纤维和钾的含量是大米的6~10倍。杂豆的消化速度慢，也非常适合减肥人群食用。

### 大豆

大豆含糖量较少，约为25%。黑豆中的卵磷脂及丰富的矿物质能够满足大脑需求，强化脑细胞，延缓大脑衰老，降低血液黏度。

### 豆制品

以大豆制品为主，通常有豆腐、豆腐丝、豆腐皮、腐竹、素鸡、素火腿等。豆腐的口味清淡，适合做成各式料理，不仅口感好，饱腹感也强，也可以将豆腐替代主食。

| 豆腐皮 | 北豆腐 | 冻豆腐 | 豆腐干 |
|---|---|---|---|
| 含糖量 12.5克 / 蛋白质 51.6克 | 含糖量 3.0克 / 蛋白质 9.2克 | 含糖量 3.92克 / 蛋白质 12.9克 | 含糖量 9.6克 / 蛋白质 14.9克 |

注：每100克可食部含量。

在中国，有句关于豆腐的俗语，"豆腐本无味，咸甜自取之。"但对于减糖来说，咸口的豆腐更为适宜。

减糖要注意

### 豆浆比牛奶含糖量低

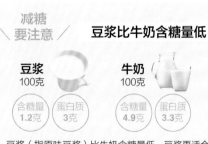

**豆浆** 100克　含糖量 1.2克 / 蛋白质 3克

**牛奶** 100克　含糖量 4.9克 / 蛋白质 3.3克

豆浆（指原味豆浆）比牛奶含糖量低，豆浆更适合减糖。

# 减糖必选豆蛋奶食材

## 豆腐 蛋白质高，饱腹感强

豆腐是良好的植物蛋白来源。同时，富含异黄酮和植物固醇，可美容养颜、抗衰老。

### 减糖常见搭配
- 白菜　■ 鸡蛋
- 海带　■ 牛肉

### 减糖食谱推荐
- 豆腐比萨（P111）
- 豆腐烧牛肉末（P86）
- 豆腐烧虾（P97）

## 鸡蛋 简单易做的减糖美食

鸡蛋中的蛋白质是优质蛋白质，营养价值高，吸收好。鸡蛋还含有丰富的磷、硒、维生素D等。

### 减糖常见搭配
- 番茄　■ 秋葵
- 豆腐　■ 木耳

### 减糖食谱推荐
- 蔬菜蛋饼三明治（P64）
- 银鱼炒蛋（P135）
- 秋葵胡萝卜厚蛋烧（P61）

## 牛奶 轻松获得钙和蛋白质

牛奶富含蛋白质、钙、B族维生素，对人体来说是非常好的营养品，因此被称为"白色血液"。

### 减糖常见搭配
- 鸡蛋　■ 燕麦

### 减糖食谱推荐
- 杂粮坚果牛奶麦片（P70）
- 红薯燕麦配酸奶（P71）

# 菌藻类食物，低糖且富含膳食纤维

　　菌藻类都是低糖且富含膳食纤维的食物，还含有较为丰富的蛋白质，具有平衡免疫、降血脂的作用。而且这类食物体积蓬松，有较强的饱腹感。

## 减糖要适当增加菌藻类食物

　　菌菇、海藻的膳食纤维含量丰富，热量低，GI值也低。如果和其他蔬菜搭配食用，人体会获取更多的膳食纤维，刺激饱腹中枢，让人不觉得饿，因此可以有效控制食欲、控血糖。减糖时，可以多吃一些，强化减肥效果。

### 减糖时菌藻类食物的两大优势

**美味**

蘑菇具有除酸、甜、苦、辣、咸之外的第六种味道——鲜味。当与别的食物一起混合烹饪时，风味极佳，是很好的"美味补给"。

**热量低**

蘑菇里的营养有助心脏健康，并能提高免疫力。100克蘑菇的热量大概只有20千卡，比吃同量的年糕热量少多了。而藻类也如此，100克鲜海带也只有13千卡热量，海带中含有海带多糖，可以改善人体的糖耐量，起到控血糖作用，还可以保护胰岛细胞。

# 减糖必选菌藻类食材

## 杏鲍菇 降血脂，促消化

杏鲍菇具有降血脂、促进胃肠蠕动、增强机体免疫力、预防心血管病等作用。菇体有杏仁香味、肉质肥厚、味道清香，深受人们喜爱。

**减糖常见搭配**
- 胡萝卜 ▪ 洋葱
- 柿子椒

**减糖食谱推荐**
- 菌菇三样
- 蚝油杏鲍菇（P79）

## 香菇 低糖减脂又养颜

香菇具有润肠通便、延缓衰老、降血脂、降血压的功效。其含有香菇多糖既减脂又养颜。

**减糖常见搭配**
- 胡萝卜 ▪ 油菜
- 鸡肉 ▪ 鸡蛋

**减糖食谱推荐**
- 香菇油菜
- 香菇蒸鸡（P132）

## 木耳 减糖又排毒，减脂佳品

木耳可促进肠胃蠕动、预防肥胖、降低血液黏度、平衡免疫力等。

**减糖常见搭配**
- 菜花 ▪ 胡萝卜
- 柿子椒 ▪ 猪肉
- 鸡蛋

**减糖食谱推荐**
- 双花炒木耳（P78）
- 凉拌木耳

## 海带 平稳血糖，促排便

海带所含的热量较低，胶质和矿物质较高，是抗衰老、补碘的健康食品。

**减糖常见搭配**
- 牛肉 ▪ 猪肉
- 冬瓜

**减糖食谱推荐**
- 海带排骨汤

# 蔬菜，普遍低糖

蔬菜种类繁多，颜色各异，其含糖量也有明显差异，不过一般绿叶类蔬菜含糖量都很低，大量食用也没关系，有一些口感上微甜的蔬菜可能含糖量偏高，食用时注意别过量。

## 选择绿色蔬菜准没错

以叶菜为代表，绿色蔬菜大多含糖量都很低，可以放心食用，不用担心糖分超标的问题。但是有些暖色的蔬菜比如南瓜、胡萝卜，含糖量相对比较高，正常量食用即可。减糖时，先吃蔬菜（或蔬菜汤）、再吃肉类、最后吃主食，这样可以延缓胃排空，更有饱腹感。而且将吃饭速度放缓，更有利于减糖。

### 不同蔬菜含糖量各不同

| 蔬菜 | 含糖量 | 蔬菜 | 含糖量 | 蔬菜 | 含糖量 | 蔬菜 | 含糖量 | 蔬菜 | 含糖量 |
|---|---|---|---|---|---|---|---|---|---|
| 生菜 | 1.1克 | 黄瓜 | 2.9克 | 大白菜 | 3.4克 | 白萝卜 | 4克 | 南瓜 | 5.3克 |
| 白菜花 | 2.1克 | 芹菜 | 3.1克 | 苦瓜 | 3.5克 | 韭菜 | 4.5克 | 茭白 | 5.9克 |
| 冬瓜 | 2.3克 | 油菜 | 3.2克 | 竹笋 | 3.6克 | 圆白菜 | 4.6克 | 秋葵 | 6.2克 |
| 绿豆芽 | 2.6克 | 芦笋 | 3.3克 | 西蓝花 | 3.7克 | 荷兰豆 | 4.9克 | 胡萝卜 | 8.8克 |
| 菠菜 | 2.8克 | 番茄 | 3.3克 | 柿子椒 | 3.8克 | 茄子 | 4.9克 | 洋葱 | 9.0克 |

注：以上数据来源于《中国食物成分表标准版（第6版）》，含糖量为该食物100克可食部含糖量。

# 减糖尽情吃的蔬菜

## 黄瓜 清脆可口的降脂菜

黄瓜富含水分，还含有维生素C、钾、磷等营养素。黄瓜生吃熟吃均可，具有较强饱腹感。

**减糖常见搭配**
- 木耳  - 豆腐
- 鸡蛋  - 鸭肉

**减糖食谱推荐**
- 黄瓜拌鸭丝（P177）
- 黄瓜炒鸡蛋

## 芦笋 富含膳食纤维，平稳血糖

芦笋含有丰富的膳食纤维，能增进食欲，帮助消化。且含有维生素C、胡萝卜素、硒、钼、镁、锰等，具有调节机体代谢，提高身体抗病力的功效。

**减糖常见搭配**
- 虾仁  - 胡萝卜
- 白菜  - 香菇
- 猪肉

**减糖食谱推荐**
- 胡萝卜香菇炒芦笋（P77）
- 虾仁炒芦笋

## 苦瓜 控糖调脂好帮手

苦瓜含有类胰岛素样化学物质，可以调控血糖。且有明目解毒、消肿利尿的作用，适合阴虚火旺的人食用。

**减糖常见搭配**
- 鸡蛋  - 虾仁
- 柿子椒

**减糖食谱推荐**
- 苦瓜炒蛋
- 苦瓜炒虾仁
- 清炒苦瓜
- 凉拌苦瓜（P115）

## 西蓝花 营养丰富的减糖黄金食材

西蓝花含有蛋白质、膳食纤维、多种维生素、多种矿物质。可以增强血管弹性，预防心脑血管疾病，还有美白、淡斑、抗衰老的功效。

**减糖常见搭配**
- 番茄  - 虾仁
- 猪肉  - 牛肉
- 香菇  - 木耳

**减糖食谱推荐**
- 双花炒木耳（P78）
- 蒜蓉西蓝花

# 水果，最易踩雷的减糖食物

　　水果一直被人们认为是良好的维生素和矿物质来源。但对于减糖来说，由于水果通常含有较多糖分，要以平常心视之。大家首先要认识哪些水果含糖多，哪些水果含糖少，减糖期间尽量选择糖分低的品种。

## 不要以为天然的就一定是无害的

　　很多水果中富含较多的天然果糖，这也是这类水果惹人喜爱的原因，减糖时，不要认为天然的怎么吃都没关系，有些糖分过高的水果还是要掌控好食用量。

**含糖量高的水果**

| 水果 | 含糖量 | 水果 | 含糖量 | 水果 | 含糖量 | 水果 | 含糖量 | 水果 | 含糖量 |
|------|------|------|------|------|------|------|------|------|------|
| 红枣（干） | 67.8克 | 柿子 | 18.5克 | 苹果 | 13.7克 | 西梅 | 10.3克 | 芒果 | 8.3克 |
| 榴莲 | 28.3克 | 荔枝 | 16.6克 | 火龙果 | 13.3克 | 橘子 | 10.2克 | 哈密瓜 | 7.9克 |
| 山楂 | 25.1克 | 桂圆 | 16.6克 | 皇冠梨 | 13.1克 | 樱桃 | 10.2克 | 牛油果 | 7.4克 |
| 香蕉 | 22克 | 猕猴桃 | 14.5克 | 菠萝 | 10.8克 | 葡萄柚 | 10.0克 | 西瓜 | 6.8克 |

注：以上数据来源于《中国食物成分表标准版（第6版）》，含糖量为该食物100克可食部含糖量。

减糖
要注意

**为什么有的食物不甜，含糖量却很高**

很多人有疑问，为什么我吃的食物一点都不甜，但含糖量很高？其实，食物的甜度和含糖量是不同的概念。例如，大家是不是觉得西瓜很甜、火龙果不怎么甜，但是西瓜的含糖量只有6.8克/100克，火龙果却有13.3克/100克。火龙果没有西瓜甜是因为火龙果果糖含量少，但和总含糖量没有关系。

# 减糖时推荐食用的水果

## 牛油果 提高身体代谢

牛油果含有大量的维生素、不饱和脂肪酸、蛋白质，为人体提供热量的同时还有助于控血糖、增强心脏功能，含有的膳食纤维可以促进肠道蠕动，避免便秘。

| 减糖常见搭配 | 减糖食谱推荐 |
|---|---|
| ■ 番茄　■ 虾仁 | ■ 牛油果三文鱼沙拉 |
| ■ 猪肉　■ 牛肉 | ■ 牛油果可颂 |
| ■ 海米　■ 木耳 | |

## 苹果 促进身体废物排出

苹果含有有机酸、蛋白质、磷、锌、钾、镁、胡萝卜素、烟酸、维生素C、膳食纤维等营养成分。研究发现，多吃苹果有增进记忆、提高智能的效果。

| 减糖常见搭配 | 减糖食谱推荐 |
|---|---|
| ■ 芹菜　■ 胡萝卜 | ■ 水果蔬菜沙拉 |
| ■ 洋葱　■ 枸杞 | ■ 蔬果养胃汤（P144） |
| ■ 芦荟 | |

## 西梅 通便，抗氧化

西梅富含维生素C、钾、磷、膳食纤维等，低脂高纤，其最为人知的功效是润肠通便。

| 减糖常见搭配 | 减糖食谱推荐 |
|---|---|
| ■ 橙子　■ 蓝莓 | ■ 西梅三明治 |
| ■ 圣女果 | ■ 西梅培根卷 |

## 葡萄柚 低卡低糖，减脂又美颜

葡萄柚含有维生素C、膳食纤维，且低卡低糖，有较好的通便、润肤作用。

| 减糖常见搭配 | 减糖食谱推荐 |
|---|---|
| ■ 生菜　■ 圣女果 | ■ 葡萄柚黄瓜沙拉 |
| ■ 柠檬　■ 黄瓜 | |

# 调料，减糖时不要委屈口感

减糖时，往往只关注了主食的摄入，调料通常都被人们忽视了，其实很多调料都含有很高的糖分。哪怕选择了低糖食材，调料掌握不好，也会让减糖前功尽弃。但这并不是说减糖就要杜绝使用一切调料，有些调料不仅口感好，而且有利于减糖。

## 平时喜欢吃甜口的要小心这些调料

含糖量
**20.9**克
**沙拉酱**
不同品牌含糖量差别很大。含糖较低的每100克约含1克糖。含糖量高的，比如千岛沙拉酱含糖量高达20.9克。

含糖量
**16.9**克
**番茄酱**
虽然番茄酱在酱料中含糖量不是很惊人，但做菜时往往会添加很多，这就会导致糖分超标，所以要注意使用量。

含糖量
**>60**克
**果酱**
蓝莓酱、草莓酱、山楂酱等果酱含糖量一般在60~70克，减糖的人尽量不要食用。

含糖量
**28.5**克
**甜面酱**
平常喜欢用甜面酱蘸食大葱、黄瓜、烤鸭等菜品的人群要注意控制甜面酱的摄入。

含糖量
**85**克
**淀粉**
经常用来做肉类面衣，或者调成汁勾芡，要注意尽量少用。

减糖
要注意

**减糖，少用又甜又腻的调料**

除了少用白糖、冰糖等，果酱类、甜面酱、烧烤蘸料（为了增加口感，也会添加糖）都是高糖调料，一定要少放或者不放。

# 减糖必备调料，满足享受食物的幸福感

减糖时如果不知道怎么选择调料，就选择盐和醋，用简单调料烘托出食材原有的味道。当然，想要丰富口感也可以大胆选择以下调料。

**花椒**
花椒属于温热性食物，可温煦驱寒，促进食欲，还能帮助提高消化能力。

**醋**
不同醋的含糖量也不相同，黑醋含糖量最高，白醋几乎不含糖。醋既能增咸，也能控血压，适量使用有助于减糖。

**桂皮**
帮助激活脂肪细胞对胰岛素的反应能力，加快葡萄糖的新陈代谢。

**辣椒**
含有辣椒素，不仅可以促进消化，还可以抗炎、抗氧化、降血脂。

**胡椒粉**
挥发油含量比较高，可以促进消化液的分泌，促进肠道蠕动。同时还可以改善食物口味。

**减糖要注意**

## 不会选调料，就用盐和胡椒粉

平时做菜时，经常用到的调料有生抽、醋、老抽、蚝油等。而意大利菜或法国菜基本只用盐调味，保留食材原本的味道，更满足味蕾享受。

### 葱姜蒜就可以调出鲜美味道

**柠檬**
含柠檬酸，能帮助身体将食物中摄入的糖类和脂肪转化为热量。

| 葱 | 姜 | 蒜 |
|---|---|---|
|  含糖量 4.9克 | 含糖量 4.9克 |  含糖量 10.3克 |
| 贝类多放葱，去腥 | 鱼类、肉类多放姜，驱寒除腥 | 禽肉多放蒜，提味 |

兼顾美味与营养的
健康减糖餐

3

# 营养快手的美味早餐

一日之计在于晨，早餐距离前一天晚餐的时间最长，体内储存的糖原已经消耗殆尽，应及时补充，以免出现低血糖。早餐如果摄入不足，是无法通过多吃午餐、晚餐来弥补的。其实在减糖期间，将碳水化合物放在早餐食用，不仅消化代谢快，而且可以保持体力、补充脑力，提高工作学习效率，碳水化合物也不易转化为脂肪储存起来。

| 早餐的减糖要点 | 优质的蛋白质：早餐吃1个鸡蛋，1块牛排，喝1杯牛奶或豆浆等，通过这样的方式为机体提供优质蛋白质。 | 丰富的维生素和矿物质：早餐也应该有蔬菜，比如凉拌番茄、拍黄瓜、清炒油麦菜等。 | 营养早餐的搭配，要有充足的热量，要吃谷类食物，比如三明治、馒头、面条或者米粥，为机体提供丰富的热量。 |
| --- | --- | --- | --- |
| |  |  |  |

## 粉蒸时蔬

### 食材

荀蒿.................80 克
胡萝卜.............80 克
鸡蛋...................1 个
土豆.................50 克
槐花.................50 克
面粉.................30 克

### 调料

油醋汁...............适量
蒜末...................少许

**轻松减糖 point**

荀蒿、胡萝卜、鸡蛋的含糖量都不高，土豆可以作为复合碳水化合物补充人体所需热量。加少许面粉，能解决直接蒸蔬菜出水多、影响口感的问题，也可以补充一部分热量。

### 做法

1 所有蔬菜洗净，荀蒿切段，胡萝卜、土豆去皮后刨丝，槐花控干水分；鸡蛋煮熟，去壳，切开。

2 上述蔬菜中撒少许面粉，拌匀，放入蒸锅蒸5分钟，取出，摆上鸡蛋。

3 油醋汁中放蒜末拌匀，蘸着吃即可。

热量
**160**千卡

糖类
**24.9**克

蛋白质
**8.9**克

注:

1. 本书食谱均为2人份。为了方便大家更好地减糖，每道食谱的热量、糖类、蛋白质数据按照1人份来计算。热量数据统一到个位数，糖类和蛋白质数据统一到小数点后一位。

2. 本书所有食谱的营养素数据不包括调料和食用油。在日常生活中，可按照1克油9千卡热量来核算。《中国居民膳食指南（2016）》主张，每人每天油的摄入量控制在25~30克。日常生活中，大家可以买控油壶自行掌握油的用量。

3. 糖类即碳水化合物。

4. 鸡蛋一个按60克计，吐司一片按35克计。

5. 制作油醋汁，最主要的是油（橄榄油、香油等）和醋（苹果醋、柠檬汁、陈醋）的比例，一般为2：1。其他口味，如咸（盐、酱油、鱼露等）、香（百里香、迷迭香、芝麻等）、辛料（黑胡椒、蒜泥、姜汁等）的用量，建议根据喜好调节。减糖人士建议不放糖。

# 什锦土豆泥

**食材**

土豆.................200克
胡萝卜...............20克
玉米粒...............20克
豌豆.................20克

**调料**

蒜末..................5克
盐....................1克
胡椒粉................1克

＼轻松减糖／
point

土豆、玉米、豌豆中含有大量的膳食纤维，具有较强的饱腹感，也利于减肥。这些食材还含有丰富的钾、镁、叶酸、胡萝卜素，具有消水肿、减脂、美容抗衰的功效。

**做法**

1  胡萝卜洗净切丁；玉米粒、豌豆洗净；土豆去皮，切块，放入蒸锅蒸熟，用勺子碾成泥备用。

2  平底锅加热，倒油烧热，放入蒜末炒香，加入准备好的玉米粒、豌豆、胡萝卜丁翻炒3分钟，放入盐及胡椒粉，关火，加入土豆泥，用锅中余温将土豆泥炒拌均匀，盛出即可。

热量
**106**千卡

糖类
**22.4**克

蛋白质
**3.9**克

# 秋葵胡萝卜厚蛋烧

## 食材

胡萝卜 .............150克

鸡蛋 ...................2个

秋葵 .................50克

## 调料

香油 ...................2克

盐 .........................1克

## 做法

1 胡萝卜洗净，去皮，切块，加上适量水用料理机打成泥备用；秋葵洗净，焯水，捞出后过凉，去头尾备用；鸡蛋打散，加入胡萝卜泥、盐、香油，搅拌均匀。

2 平底锅加油烧热，转中小火，倒入一层蛋液，趁凝固前放入处理好的秋葵，快速卷起，将卷好的蛋卷推到一侧，再倒入蛋液，待蛋卷凝固前将已卷好的蛋卷放在上面，快速卷起。

3 当蛋卷已经有一定厚度时，每次卷到锅边都要压一下整形，至用完蛋液，盛出切段即可。

热量
114千卡

糖类
9.1克

蛋白质
9.1克

# 核桃蔬果拌鹌鹑蛋

## 食材

西蓝花............100 克
圣女果............80 克
红薯............50 克
鹌鹑蛋............3 个
核桃仁............30 克

## 调料

油醋汁............适量

## 做法

1. 核桃仁微波炉里烤1分钟，口感更脆；鹌鹑蛋煮熟，过凉后剥壳，切两半；西蓝花切开，浸泡10分钟后洗净，煮熟；红薯去皮，洗净，蒸熟，切丁；圣女果洗净，对半切开。

2. 所有材料装盘，淋上油醋汁即可。

轻松减糖
point

西蓝花含维生素C、胡萝卜素等，鹌鹑蛋含优质蛋白质，核桃含不饱和脂肪酸、维生素E等，搭配复合碳水化合物红薯，整体含糖量低，能满足早餐的营养需求，还能提高抗病力、缓解脑疲劳。

热量
169千卡

糖类
10.5克

蛋白质
6.5克

# 蔬菜鸡蛋饼

## 食材
西葫芦 ............150克
胡萝卜 ............120克
鸡蛋....................1个
面粉..................50克
杏仁粉 ..............30克

## 调料
葱花 ..................5克
盐 ......................1克

轻松减糖
point

在面粉中加入杏仁粉、
鸡蛋和蔬菜，可以增加
蛋白质、维生素的摄
入，补充营养的同时，
减少简单碳水的摄入，
更利于减糖。

## 做法
1  西葫芦、胡萝卜洗净，擦成丝。
2  面粉中加入杏仁粉、鸡蛋、西葫芦丝、胡萝卜
   丝、葱花、盐，倒入适量水，搅拌均匀成糊状。
3  平底锅置火上，倒油烧至六成热，将蔬菜面糊均匀
   地铺在锅底，煎至两面金黄、熟透，盛出即可。

热量
245千卡

糖类
33.2克

蛋白质
10.5克

# 蔬菜蛋饼三明治

## 食材

鸡蛋 .................. 2 个
番茄 .................. 100克
吐司 .................. 2 片
柿子椒 .............. 50克

## 调料

葱花 .................. 10克
盐 ...................... 1 克

## 做法

1 柿子椒、番茄洗净，切丁；鸡蛋打散，加入盐、葱花；将上述食材混合在一起。

2 锅置火上，倒油烧至六成热，将混合鸡蛋液煎成蛋饼，盛出。依照吐司大小切成方形。

3 吐司切去四边，将蛋饼夹在中间即可。

轻松减糖
point

同样的食材，不同的味道，将鸡蛋打散和蔬菜混合，煎成蛋饼，口感咸香，搭配吐司，减糖又美味！

热量
195千卡

糖类
21.0克

蛋白质
11.9克

# 时蔬黑椒牛肉卷

## 食材

牛肉 ................125克

洋葱 ................100克

黄瓜 .................80克

鸡蛋 ..................1个

番茄 .................50克

春饼皮 ..............50克

## 调料

迷迭香 .............少许

黑椒粉 .............少许

生抽 ...............少许

盐 ..................少许

## 做法

1　黄瓜、番茄、洋葱洗净，洋葱切丝，黄瓜切薄片，番茄烫后去皮、切薄片；鸡蛋打散，煎成蛋皮，切丝；牛肉洗净，切丝。

2　牛肉丝用黑椒粉、生抽、盐腌渍入味，煎熟，加入洋葱丝、黄瓜片和番茄片炒至断生。

3　准备好现成的春饼皮，放上准备好的食材，卷好，煎熟，切段，点缀迷迭香即可。

热量
**194**千卡

糖类
**13.2**克

蛋白质
**20.2**克

轻松减糖
point

洋葱、黄瓜、番茄含糖量低，搭配富含蛋白质且含糖量低的牛肉，作为主食的春卷皮用量偏少，整体搭配营养丰富，减糖效果好。

# 黄鱼小饼

**食材**

黄鱼肉 ..............100克
鸡蛋....................1个
牛奶.................. 50 克
洋葱.................. 20 克
杏仁粉 ............. 20 克

**调料**

盐 ..................... 适量

**做法**

1 黄鱼肉去刺，剁成泥，装入碗中；洋葱洗净，切
   碎，放入鱼泥碗中；鸡蛋打散，倒入鱼泥碗中，
   再加入牛奶、杏仁粉和盐搅拌均匀。

2 平底锅起锅热油，将鱼糊倒入锅中，煎成两面金
   黄即可。

热量
165千卡

糖类
7.6克

蛋白质
14.8克

# 金枪鱼开放式三明治

## 食材

| | | | |
|---|---|---|---|
| 金枪鱼罐头 | 100 克 | 番茄 | 50 克 |
| 吐司 | 2 片 | 生菜 | 20 克 |
| 鸡蛋 | 1 个 | 洋葱 | 20 克 |

## 做法

1　番茄洗净，切片；鸡蛋煮熟，去壳，切片；洋葱洗净，切碎；生菜洗净备用。

2　吐司上放生菜，从罐头里取出适量金枪鱼，铺在生菜上，依次铺上番茄片和鸡蛋片，再撒上洋葱碎即可。

\轻松减糖/
point

选择吐司，根据外包装上的配料表尽量选择全麦的，低糖低脂对减糖更友好。有的吐司香甜可口，但含糖量惊人，应避免食用。

热量
**192**千卡

糖类
**20.3**克

蛋白质
**17.5**克

# 紫菜包饭

## 食材

熟米饭 ..............100克
鸡蛋 ....................1个
黄瓜....................20克
胡萝卜 ............ 20克
紫菜....................5克
熟黑芝麻............5克

## 调料

醋....................10克
代糖....................5克
盐 ....................2克
香油....................2克

## 做法

1  将醋、代糖、盐放锅里加水煮开，凉凉，即为寿司醋。

2  熟米饭中加盐、熟黑芝麻和香油搅拌均匀；鸡蛋煎成蛋皮，切长条；黄瓜洗净，切条；胡萝卜洗净，去皮，切条，煮熟。

3  取一张紫菜铺好，放上拌好的米饭，用手铺平，放上蛋皮条、黄瓜条、胡萝卜条卷紧，切成1.5厘米长的段，食用时蘸寿司醋即可。

轻松减糖
point

减糖版的寿司醋，或直接用代糖，或减少白糖的量，更有助于减糖。也可以直接食用寿司卷，不蘸寿司醋，别有一番滋味。

热量
124千卡

糖类
16.1克

蛋白质
6.5克

# 藜麦蔬菜粥

## 食材

| | | | |
|---|---|---|---|
| 大米 | 30克 | 油菜 | 20克 |
| 藜麦 | 20克 | 玉米粒 | 20克 |
| 胡萝卜 | 20克 | 山药 | 20克 |

## 做法

1　大米、藜麦分别洗净；胡萝卜洗净，切丁；油菜洗净，切碎；玉米粒洗净；山药去皮，洗净，切丁。

2　锅内倒入适量清水烧开，放入藜麦、大米大火煮开，再放入胡萝卜丁、玉米粒、山药丁煮熟，加入油菜碎略煮即可。

轻松减糖
point

这道粥含有胡萝卜素、维生素C、玉米黄素等营养，且粗细搭配，能帮助减糖人士稳定血糖水平，对维持视力健康也有帮助。

热量
131千卡

糖类
27.5克

蛋白质
3.8克

# 杂粮坚果牛奶麦片

**食材**

原味牛奶..........100克　　南瓜子.............20克

原味燕麦片........50克　　巴旦木.............20克

蔓越莓干..........20克

**做法**

1　牛奶倒入杯中，加入燕麦片，放入微波炉中加热
　　1分钟，加盖闷2分钟。

2　南瓜子、蔓越莓干、巴旦木加入杯中，搅拌均匀
　　即可。

轻松减糖
point

燕麦是一种营养丰富的
全谷类食物，富含膳食
纤维、B族维生素。坚
果中含有丰富的蛋白质
和不饱和脂肪酸，有润
肤美容的作用。这款菜
品饱腹感很强，且营养
丰富。

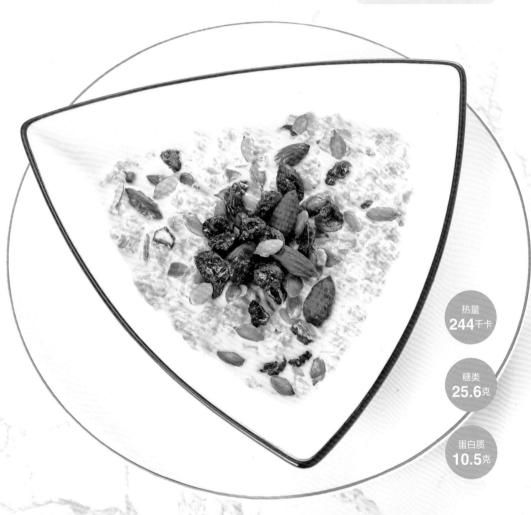

热量
**244**千卡

糖类
**25.6**克

蛋白质
**10.5**克

# 红薯燕麦配酸奶

## 食材

红薯.................100 克      葵瓜子 ............20 克

酸奶.................100 克      南瓜子 ............20 克

燕麦................. 50 克      薄荷叶 ............. 少许

## 做法

1 南瓜子、葵瓜子炒熟；红薯洗净，上锅蒸熟，去皮，压成泥。

2 红薯泥中加入燕麦、南瓜子和葵瓜子，搅拌均匀，捏成2厘米见方的正方块。

3 烤箱预热180℃，放入红薯燕麦块烤制15分钟，烤好的红薯燕麦块凉凉后放入杯中，吃的时候倒入酸奶，装饰薄荷叶即可。

热量
280千卡

糖类
36.7克

蛋白质
11.4克

# 好学易做的居家减糖午餐

午餐是一天中很重要的一餐，除了要注重午餐的营养外，还要吃饱，因为午饭时间正好在一天的中间，午饭吃饱了，晚上就不会很饿，也会相对减少进食量。掌握每餐糖类减少50克，就会发现，每餐的热量自然就能减少200千卡。也不必再纠结什么食物都选择水煮或低卡，烹饪的自由度升高，每餐都可以吃得很饱。减糖能够持久的奥秘就在于此。

| 午餐的减糖要点 | 先决定蔬菜的分量，以深绿色蔬菜优先，每餐用量100~150克，如果觉得饱腹感不够，可以多加100克，这样每日25克膳食纤维也就可以轻松达到了。适当加油脂烹饪，可以促进脂溶性维生素的吸收，还能增强饱腹感。 | 选择蛋白质含量丰富的红肉类食物（如牛瘦肉、猪瘦肉等），也可以是白肉（去皮禽肉、鱼肉、贝类等），以及豆蛋类。其实大部分的肉类含糖量都很低，但脂肪含量较高，仍需控制进食量。 |
|---|---|---|

## 虾仁拌菠菜

### 食材

菠菜.....................150克
虾仁.....................100克
芋头.....................100克
熟白芝麻.............5克

### 调料

香油.....................少许
胡椒粉.............少许
盐.........................少许

### 做法

1 虾仁洗净，去虾线，煮熟，切丁；菠菜洗净，焯烫1分钟捞出，过凉，切段；芋头洗净，去皮，切块，放入沸水中煮熟捞出。

2 将菠菜段放入碗中，加入芋头块、虾仁丁和熟白芝麻拌匀，撒盐、胡椒粉、香油调味，造型装盘即可。

> 轻松减糖
> point
>
> 这款菜品含叶酸、胡萝卜素、优质蛋白质、钙等营养，可以用芋头替代部分主食，减糖又营养。小虾仁煮2~3分钟即可，大一些的虾仁最多煮5分钟，煮的时间过长会影响口感。

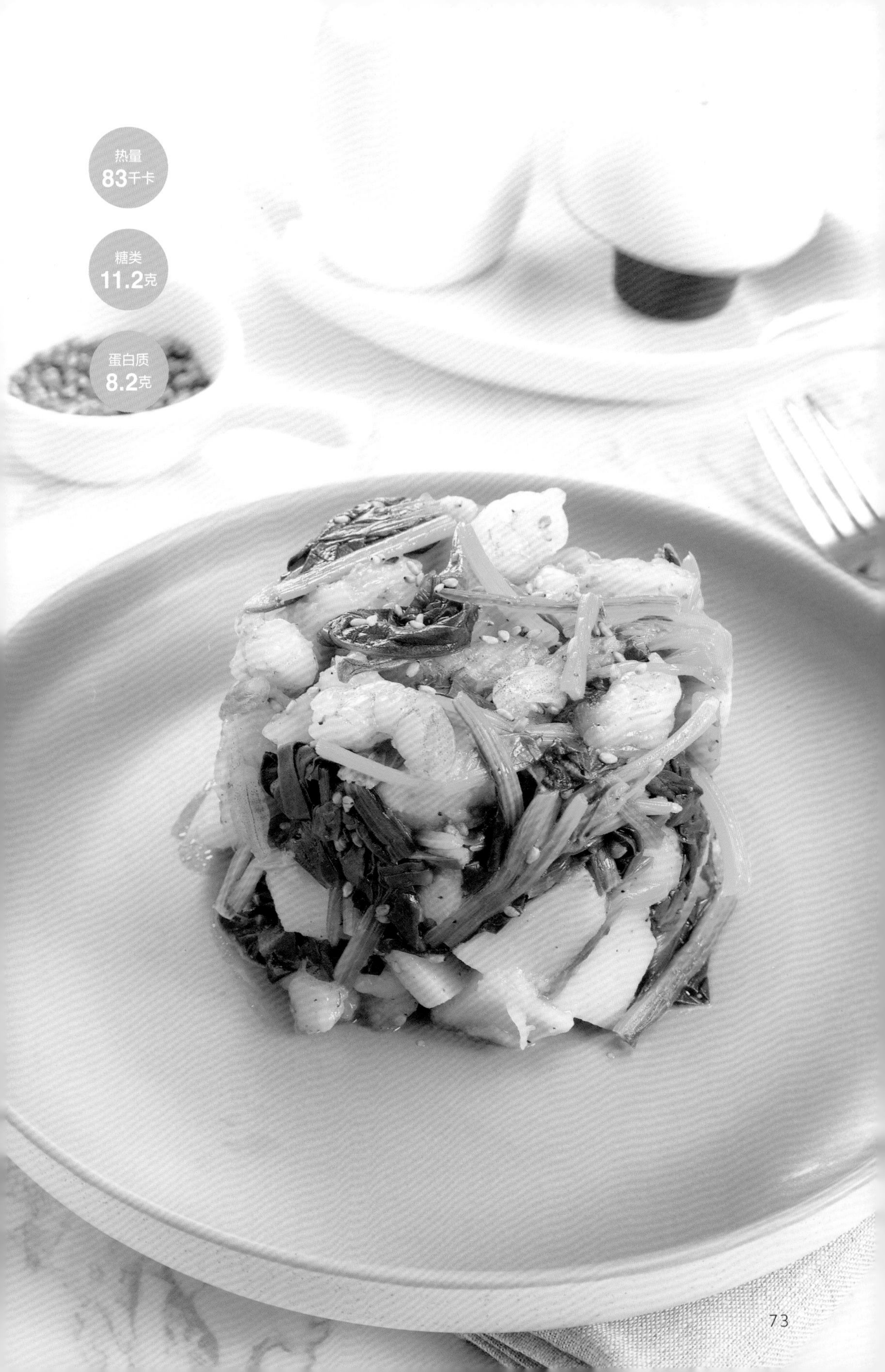

热量
**83**千卡

糖类
**11.2**克

蛋白质
**8.2**克

# 三文鱼冰草沙拉

## 食材

冰草.................150克
三文鱼..............100克
鸡蛋....................1个
圣女果..............50克
蓝莓.................40克

## 调料

油醋汁...............适量
黑胡椒粉............适量
橄榄油...............少许

冰草含有一定量的黄酮类化合物，有预防糖尿病的作用。搭配富含DHA的三文鱼，是减糖人群补充体能、增肌健脑的佳肴。

## 做法

1 所有食材洗净；圣女果对半切开；冰草切段；鸡蛋煮熟，去壳，切块。

2 三文鱼放黑胡椒粉，腌20分钟；锅热放橄榄油，煎熟三文鱼，盛出切块。

3 将所有食材装盘，淋上油醋汁，拌匀即可。

热量
154千卡

糖类
15.2克

蛋白质
9.1克

# 白灼芦笋

**食材**

芦笋................300克
红彩椒................50克

**调料**

葱白丝................10克
蒸鱼豉油............5克

**做法**

1 芦笋洗净，去老根，切段；红彩椒洗净，去蒂及子，切细丝。

2 锅内加适量清水烧沸，放入芦笋段焯烫1～2分钟，捞出过凉。

3 芦笋段摆入盘中，淋上蒸鱼豉油，撒上葱白丝和红彩椒丝，拌匀即可。

热量
**35**千卡

糖类
**6.6**克

蛋白质
**4.3**克

# 荷塘小炒

## 食材

山药.................100克
莲藕.................100克
胡萝卜...............50克
荷兰豆...............50克
干木耳................5克

## 调料

蒜片.................10克
盐....................2克

## 做法

1 木耳用水泡发，洗净，切小朵；胡萝卜洗净，切成菱形片；莲藕洗净，去皮，横向一切为二，然后顶刀切薄片；山药洗净，去皮，斜刀切薄片；荷兰豆去老筋，洗净。

2 锅烧热水，依次将胡萝卜片、木耳、荷兰豆、莲藕片、山药片焯水。

3 锅置火上，倒油烧至六成热，放入蒜片爆香，放入所有食材，迅速翻炒2分钟至熟，加盐调味即可。

轻松减糖
point

山药含有黏液蛋白，可以调控血糖；莲藕在块茎类食物中含铁量较高，有助于补血。这道菜碳水化合物丰富，可适当减少主食摄入。

热量
74千卡

糖类
16.9克

蛋白质
2.8克

# 胡萝卜香菇炒芦笋

**食材**

芦笋................200克
胡萝卜............100克
鲜香菇............50克

**调料**

蒜末................10克
盐....................2克

**做法**

1 香菇、胡萝卜、芦笋洗净，香菇切片，胡萝卜切细条、焯水，芦笋切段、焯水。

2 锅置火上，倒油烧至六成热，放蒜末炒香，加胡萝卜条和香菇片，翻炒一会儿，加芦笋段、适量盐翻炒，稍微加点水，继续翻炒片刻即可。

热量
42千卡

糖类
8.7克

蛋白质
3.7克

# 双花炒木耳

## 食材

西蓝花 ............ 200克
菜花 ............ 200克
胡萝卜 ............ 100克
猪瘦肉 ............ 50克
水发木耳 ............ 30克

## 调料

蒜片 ............ 10克
蚝油 ............ 5克
姜片 ............ 5克

## 做法

1 猪瘦肉洗净，切片；西蓝花、菜花洗净，掰成小朵；胡萝卜洗净，切菱形片；木耳洗净，撕成小朵。

2 西蓝花、菜花、胡萝卜片、木耳分别焯水。

3 锅置火上，倒油烧至六成热，加入肉片，待肉片炒至七成熟，放入蒜片、姜片炒出蒜香。

4 将西蓝花、菜花、胡萝卜片、木耳倒入锅中，翻炒至熟，加蚝油炒匀即可。

轻松减糖
point

这道菜低糖低脂，且含维生素C、胡萝卜素、钙、铁、膳食纤维等营养，能帮助减糖、平衡免疫、预防贫血和便秘。

热量
**103**千卡

糖类
**13.3**克

蛋白质
**11**克

# 蚝油杏鲍菇

## 食材

杏鲍菇 ............ 200克
猪瘦肉 ............ 100克
红彩椒 ............ 40克

## 调料

生抽 ................... 5克
蚝油 ................... 5克

## 做法

1 杏鲍菇洗净，切片，焯水；猪瘦肉洗净，切片，加生抽抓匀，腌10分钟；红彩椒洗净，去蒂及子，切片。

2 锅置火上，倒油烧至六成热，下肉片炒散，再放杏鲍菇片、红彩椒片，加入蚝油炒匀，加适量水，盖上锅盖，小火煮5分钟，大火收汁即可。

热量
111千卡

糖类
9.8克

蛋白质
11.7克

# 胡萝卜炒白玉菇

## 食材

白玉菇 ............. 200克
胡萝卜 ............. 100克

## 调料

葱段 ................... 20克
蚝油 ................... 3克

## 做法

1 白玉菇去根，择洗干净；胡萝卜洗净，切条；将白玉菇、胡萝卜条焯水。

2 锅置火上，倒油烧至六成热，炒香葱段，放入白玉菇、胡萝卜条翻炒1分钟，加蚝油炒匀，装盘即可。

> 轻松减糖
> point
>
> 白玉菇富含蛋白质和膳食纤维，有润肠作用。另外，白玉菇中含有大量的多糖和各种维生素，经常食用可促进新陈代谢。这道菜用葱段烹饪，可减少高糖调料的使用，还能改善菜品口感。

热量
48千卡

糖类
9.7克

蛋白质
2.2克

# 时蔬炒魔芋

## 食材

魔芋豆腐.........200克
紫甘蓝.............100克
柿子椒..............50克
红彩椒..............50克
黄彩椒..............50克

## 调料

蒜片....................10克
盐.........................3克

## 做法

1 魔芋豆腐洗净，切片，放沸水中焯烫，捞出沥干；柿子椒、红彩椒、黄彩椒和紫甘蓝分别洗净，切条。

2 锅内倒油烧至七成热，放入蒜片炒至微黄，再放魔芋片翻炒均匀。

3 加入柿子椒条、彩椒条、紫甘蓝条翻炒2分钟，加盐调味即可。

热量
50千卡

糖类
10.6克

蛋白质
1.6克

# 马蹄玉米桃仁

## 食材

莶荠肉 ............ 200克
玉米粒 ............ 60克
核桃仁 ............ 50克
红彩椒 ............ 20克
黄彩椒 ............ 20克

## 调料

葱段 ................ 5克
盐 .................. 2克

## 做法

1  莶荠肉洗净，切小块，焯水；彩椒洗净，切小块；玉米粒洗净，煮至断生。

2  锅置火上，倒油烧至六成热，倒入葱段，放入核桃仁炒出香味，加入莶荠块、玉米粒、彩椒块翻炒均匀，加盐调味即可。

热量
239千卡

糖类
27.1克

蛋白质
5.8克

# 冬瓜玉米烧排骨

## 食材

冬瓜..................200克

猪排骨..............150克

玉米..................100克

## 调料

葱段..................适量

蒜片..................适量

姜片..................适量

生抽.................. 5克

盐 ...................... 2克

热量
**288千卡**

糖类
**13.8克**

蛋白质
**14.9克**

## 做法

1 猪排骨洗净，切块，冷水入锅焯烫去血水，捞出；冬瓜去皮、瓤，洗净，切块；玉米去皮，洗净，切段。

2 锅置火上，倒油烧至六成热，爆香葱段、蒜片、姜片，倒入排骨块翻炒，加入生抽，再加入玉米段及适量热水烧开，加盖焖烧50分钟。

3 加冬瓜块煮10分钟，加盐炒匀即可。

轻松减糖
point

猪排骨和冬瓜含糖量低，且含有钙、铁、钾等营养，玉米可以作为主食替代部分精白米面，能帮助减糖、补铁、利尿。

# 盐水猪肝

**食材**

猪肝................300克

**调料**

料酒................10克

香菜段..............5克

葱段................5克

姜片................4克

盐..................4克

酱油................4克

大料................1个

香叶................1片

**做法**

1 猪肝洗净，用清水浸泡1小时，中途要多次换水，直到水清为止。

2 猪肝放少许盐，抓匀，腌渍15分钟。

3 将猪肝放入锅中，放入适量水，将葱段、姜片、香叶、大料放入水中，加入料酒、酱油，大火煮沸，小火慢煮15分钟左右，用筷子能扎透即可。

4 猪肝捞出，切片装盘，点缀香菜段即可。

> 轻松减糖
> point
>
> 猪肝含糖量低，且可以提供铁、B族维生素、维生素A等营养，控糖的同时能促进补血、呵护视力。

热量
**189**千卡

糖类
**2.7**克

蛋白质
**28.8**克

# 猪血炒木耳

## 食材

猪血...............300克
柿子椒...........100克
水发木耳..........100克

## 调料

葱段.................适量
姜丝.................适量
醋...................适量
盐...................2克

## 做法

1 柿子椒洗净，切片；水发木耳洗净，撕小朵；猪血洗净，切片。

2 锅置火上，倒油烧至六成热，加入姜丝和柿子椒片煸炒片刻，加入木耳、猪血片炒熟，再加入葱段、盐和醋调味即可。

> ╲ 轻松减糖 ╱
> point
>
> 猪血含有蛋白质和铁，胆固醇含量低，且猪血中的铁易被吸收，很适合女性食用；木耳有降血压、防便秘、清热排毒、益肝等功效，而且木耳很饱腹，很适合减糖时食用。

热量
105千卡

糖类
6.3克

蛋白质
19.6克

# 豆腐烧牛肉末

**食材**

豆腐................200克
牛肉................100克

**调料**

葱花................10克
姜片................10克
蒜末................10克
蚝油.................5克
生抽.................5克

**做法**

1　牛肉洗净，切末；豆腐洗净，切片。

2　锅置火上，倒油烧至六成热，放入葱花、姜片、蒜末、蚝油、生抽炒香，放入牛肉末翻炒至变色，加入适量水。

3　待水开后放入豆腐片，改中火煮5分钟，大火收汁即可。

> ╲ 轻松减糖 ╱
> point
>
> 豆腐和牛肉搭配食用，可以更好地补充蛋白质，而且也可以延缓饥饿。很多人喜欢烧菜时用水淀粉勾芡，这样口感更滑嫩。减糖时可省略这一步。

热量
**141**千卡

糖类
**4.1**克

蛋白质
**17.3**克

# 黑椒牛柳

## 食材

牛肉.................200克
红彩椒..............50克
柿子椒..............50克

## 调料

姜片.................适量
蒜片.................适量
生抽.................适量
料酒.................适量
黑胡椒汁............5克
盐.....................1克

## 做法

1 牛肉洗净，切片，加入盐、生抽、料酒腌渍片刻；柿子椒、红彩椒洗净，去蒂及子，切块。

2 锅置火上，倒油烧至六成热，放入姜片、蒜片爆香，倒入牛肉片滑炒至熟，盛起。

3 锅留底油，爆香柿子椒块、红彩椒块，倒入牛肉片，加入黑胡椒汁翻炒片刻，出锅即可。

轻松减糖
point

牛肉含糖量低，且含有优质蛋白质，对减糖、平衡免疫有帮助。需要注意，牛肉别用含糖量高的淀粉来腌渍。

热量
**122**千卡

糖类
**3.2**克

蛋白质
**21.8**克

# 萝卜炖牛肉

## 食材

牛肉................200克
白萝卜.............150克
胡萝卜.............150克
板栗.................30克

## 调料

葱段.................适量
姜片.................适量
生抽.................5克
料酒.................5克
盐.................2克

轻松减糖
point

做炖菜时，最后少量加盐，这样可以控制盐的摄入。菜如果做得太咸，容易多吃主食，不利于减糖。

## 做法

1  白萝卜和胡萝卜洗净，去皮，切块；牛肉洗净，切块，焯水，捞出；板栗去壳。

2  锅置火上，倒油烧至六成热，将葱段、姜片爆香，放牛肉块、板栗、水、生抽、料酒，用大火烧开煮1小时，放白萝卜块、胡萝卜块，煮至变软后加盐，大火收汁即可。

热量
**181**千卡

糖类
**17.3**克

蛋白质
**23.3**克

# 子姜羊肉

## 食材
羊肉................200克
红彩椒.............100克
子姜.................50克

## 调料
青蒜.................20克
料酒...................5克
生抽...................5克
盐.......................1克

## 做法
1 羊肉洗净，切丝，加料酒、盐拌匀；子姜洗净，切丝；青蒜择洗干净，切段；红彩椒洗净，去蒂及子，切丝。

2 锅置火上，倒油烧至六成热，下羊肉丝滑散，炒出香味。

3 加入姜丝、红彩椒丝、青蒜段炒几下，烹入生抽、少许水炒匀即可。

\轻松减糖/
point

做菜最好不加淀粉，在特别需要加淀粉时，就减少用量，这样既可以满足菜的色泽与口感，也在一定程度上减少糖的摄入。

热量
**139**千卡

糖类
**4.7**克

蛋白质
**21.3**克

# 红烧羊排

## 食材

羊排.................300克
胡萝卜.............100克
土豆.................100克

## 调料

葱段...................适量
姜片...................适量
老抽...................适量
料酒..................5克
盐.......................2克
大料..................1个

## 做法

1  胡萝卜、土豆洗净，去皮，切块；羊排洗净剁段，凉水下锅，焯水后捞出。

2  锅置火上，倒油烧至六成热，下羊排翻炒，调入料酒、老抽翻炒均匀，放入葱段、姜片、大料，加适量清水。

3  大火煮开，转小火烧至八成熟，再放入胡萝卜块、土豆块煮至熟透，放盐调味，大火收汁即可。

轻松减糖
point

羊排中含有胶原蛋白、钙、B族维生素等，搭配胡萝卜和土豆，增加了维生素C、胡萝卜素和膳食纤维，荤素搭配有助于减糖。

热量
**193**千卡

糖类
**26.8**克

蛋白质
**9.2**克

# 黄焖鸡

## 食材

鸡腿..................240克
柿子椒..............100克
洋葱..................100克
鲜香菇..............50克

## 调料

料酒....................5克
生抽....................5克
老抽....................5克
姜片....................5克
大料....................1个
盐........................1克

## 做法

1 鸡腿洗净，切块；鲜香菇洗净，切块；柿子椒洗净，去蒂及子，切块；洋葱洗净，切丝。

2 锅置火上，倒油烧至六成热，加入鸡块翻炒，加料酒、姜片、大料炒匀，加生抽、老抽上色，加香菇块炒匀。

3 加水没过鸡块，大火烧开，小火焖20分钟，加盐，大火收汁，放入柿子椒块、洋葱丝翻炒至熟即可。

> 轻松减糖
> point
>
> 鸡腿肉质细嫩，滋味鲜美，含有丰富的蛋白质。做这道菜时，不放冰糖，加入洋葱、香菇，口感咸香，更增加了膳食纤维和植物多糖的摄入，有助于增香、减糖。

热量
**211**千卡

糖类
**7.7**克

蛋白质
**25.9**克

# 香菇焖鸡翅

## 食材

鸡翅中 ............ 200克
鲜香菇 ............. 80克
黄彩椒 ............. 30克
红彩椒 ............. 30克
干木耳 .............. 5克

## 调料

葱花 ............... 适量
姜片 ............... 适量
蒜片 ............... 适量
料酒 ............... 5克
老抽 ............... 3克
盐 ................. 2克
香油 ............... 2克

## 做法

1 鸡翅中洗净，划两刀，焯烫后过凉备用；香菇提前去根，洗净焯水，打花刀；木耳用清水泡发，洗净焯水；黄彩椒、红彩椒洗净，去蒂及子，切块。

2 锅置火上，倒油烧至六成热，爆香葱花、姜片、蒜片，倒入鸡翅中，淋入料酒，翻炒片刻至鸡翅中变色，再放老抽翻炒均匀。

3 加入适量清水，大火烧开后改中小火，加盖焖烧10分钟，倒入香菇和木耳继续焖15分钟。

4 汤汁快干时加入黄彩椒块、红彩椒块和盐，淋入香油，翻炒均匀即可。

> **轻松减糖**
> point
>
> 这道菜含糖量不高，且含优质蛋白质、钙、铁、膳食纤维、维生素C等，对控糖、防贫血、防便秘等有益。

热量
**200千卡**

糖类
**6.7克**

蛋白质
**20.9克**

# 清蒸鸽子

**食材**

净鸽子 ...1只（250克）
枸杞子 ..............10克

**调料**

葱段 ..................10克
姜片 ..................10克
盐 ......................3克

**做法**

1 鸽子剁掉头和爪，洗净，放入沸水中焯去血水；
枸杞子洗净。

2 把鸽子放入一个盘中，加葱段、姜片、枸杞子和
适量水拌匀，上蒸锅大火蒸1小时，拣去姜片、
葱段，调入盐即可。

热量
**264千卡**

糖类
**5.4克**

蛋白质
**21.8克**

# 酱爆鱿鱼

## 食材

鱿鱼.................200克
荷兰豆..............100克
红彩椒..............20克

## 调料

豆瓣酱...............10克
姜丝..................10克

轻松减糖
point

鱿鱼口感爽滑，富有嚼劲，容易满足食欲。加豆瓣酱的时候一定要掌握好量，菜如果做得过咸，会让人更想吃主食，这对减糖是不利的。

## 做法

1 鱿鱼撕去黑膜，洗净，去除内脏后打花刀，切段；红彩椒洗净，去蒂及子，切丁；荷兰豆去老筋，洗净。

2 锅中水烧开，放入鱿鱼段，焯至卷曲后立刻捞出。

3 锅置火上，倒油烧至六成热，爆香姜丝，放入红彩椒丁和荷兰豆炒至断生，放入鱿鱼段同炒1分钟。

4 调入适量豆瓣酱，翻炒出锅即可。

热量
**107**千卡

糖类
**3.1**克

蛋白质
**23.3**克

# 洋葱炒鱿鱼

**食材**

鱿鱼..............300克
洋葱..............200克

**调料**

姜片..............10克
蚝油..............5克
料酒..............5克
醋..............5克
盐..............2克
葱花..............少许

**做法**

1 鱿鱼洗净，去内脏，切段，加料酒、盐、姜片腌渍20分钟；洋葱洗净，切圈。

2 平底锅置火上，倒油烧至六成热，放入鱿鱼段炒至断生，加入醋、蚝油、洋葱圈翻炒均匀，继续煎烤3分钟。

3 出锅装盘，撒葱花装饰即可。

轻松减糖
point

鱿鱼的海鲜味比较浓厚，烹饪时可适当放一些醋，有利于除腥。同时，经常食用醋，还可以促进脂肪代谢，有助于减脂减糖。

热量
174千卡

糖类
9克

蛋白质
34.0克

# 柠檬巴沙鱼

## 食材

巴沙鱼 ............ 300克
柠檬 ................ 半个

## 调料

黄油 ................ 8克
盐 .................. 2克
黑胡椒碎 .......... 少许

## 做法

1 巴沙鱼洗净，用厨房用纸吸干水分，切成寸段；柠檬洗净，切薄片。

2 鱼肉码盘，挤入柠檬汁，撒盐、黑胡椒碎，腌渍20分钟。

3 平底锅置火上，黄油化开后加柠檬片，放入鱼段，中小火煎至两面金黄，盛出装盘即可。

热量
125千卡

糖类
1.0克

蛋白质
23.7克

# 豆腐烧虾

## 食材

豆腐................300克
鲜虾................120克

## 调料

葱花................10克
生抽................10克
香油................2克
盐..................1克

## 做法

1 豆腐洗净，切厚片；鲜虾去虾线、虾肠，洗净。

2 平底锅倒油烧至六成热，放入豆腐片煎至两面金黄，盛出；鲜虾入锅微煸至变色。

3 平底锅去油，将煎好的豆腐片、鲜虾摆在锅内，加入生抽、香油、少量水、盐，大火烧开，撒葱花即可出锅。

轻松减糖
point

虾和豆腐搭配食用，可补充蛋白质，增加饱腹感，适合减糖的人食用。葱花是关键，用葱花代替勾芡，提升口感的同时减少糖的摄入。

热量
**182**千卡

糖类
**6.8**克

蛋白质
**21.1**克

# 蒜蓉蒸扇贝

**食材**

扇贝.....................4个
柿子椒...............50克
蒜末.................50克

**调料**

葱花.................适量
姜末.................适量
生抽.................5克

**做法**

1 柿子椒洗净，去蒂及子，切丁；扇贝洗净。

2 取一小碗，放入蒜末、姜末、生抽拌匀制成料。

3 把柿子椒丁放在扇贝上，加入拌好的料，大火蒸约5分钟后取出，撒上葱花即可。

热量
**45千卡**

糖类
**8.2克**

蛋白质
**3.0克**

# 鸡蛋山药玉米浓汤

## 食材

鲜玉米粒..........200克
山药..................80克
胡萝卜..............80克
鸡蛋..................1个

## 调料

葱花..................5克
盐......................2克

## 做法

1 山药洗净，去皮，切小块；胡萝卜洗净，切块；鸡蛋打散备用；鲜玉米粒洗净。

2 锅内倒适量清水烧沸，加入山药块、胡萝卜块、鲜玉米粒煮熟，再将蛋汁缓缓倒入，轻轻搅拌。

3 待水沸后，加盐调味，撒入葱花即可。

> 轻松减糖
> point
>
> 山药易消化，可健脾胃，搭配富含维生素E和玉米黄素等营养物质的玉米煲汤，可以健脾胃、抗衰老，还有助于控糖。

热量
**158**千卡

糖类
**19.7**克

蛋白质
**8.1**克

# 冬瓜薏米老鸭汤

**食材**

冬瓜..............200克
去皮老鸭..........100克
薏米..............50克

**调料**

盐.................2克
香油...............少许
葱段...............少许

**做法**

1 鸭肉洗净，切丁；薏米洗净，浸泡3小时；冬瓜洗净，去皮、瓤，切片。

2 砂锅置火上，倒入清水，下入薏米，大火煮沸后转小火煮50分钟，倒入冬瓜片煮至入味，放入鸭丁稍煮，加盐，淋入香油，撒入葱段即可。

热量
**221**千卡

糖类
**20.3**克

蛋白质
**11.3**克

# 鲜虾豆腐蔬菜汤

**食材**

豆腐..................250克
金针菇.............100克
菠菜..................100克
鲜虾..................100克

**调料**

盐.......................2克
香油..................少许

**做法**

1. 豆腐洗净，切块；鲜虾去头、去壳、去虾线，洗净；金针菇、菠菜去根，洗净，菠菜焯水。

2. 锅内倒入清水大火烧开，放入豆腐块、金针菇转中火煮10分钟。

3. 放入鲜虾、菠菜煮熟，加入盐搅拌均匀，淋入香油即可。

热量
**82**千卡

糖类
**10.9**克

蛋白质
**20.6**克

# 干贝竹笋瘦肉汤

## 食材

竹笋.................200克
猪瘦肉..............100克
鸡蛋.......................1个
干贝...................30克
枸杞子.................3克

## 调料

盐.........................2克
葱花...................少许

## 做法

1　猪瘦肉洗净，切末；鸡蛋打散；竹笋去老皮，洗净，切丁；干贝、枸杞子分别洗净，干贝泡软。

2　锅置火上，倒油烧至六成热，放入葱花、瘦肉末翻炒，加入竹笋丁、干贝、枸杞子，大火煮沸后转小火，煮至干贝熟透，调入盐，淋入蛋液稍煮即可。

热量
**174千卡**

糖类
**7.0克**

蛋白质
**23.7克**

# 白菜罗非鱼豆腐汤

## 食材

罗非鱼 ............125 克
大白菜 ............100 克
豆腐................50 克
豆腐皮 ............35 克

## 调料

香葱碎 ...............少许
姜丝.................少许
醋 ..................少许
酱油.................少许
花椒.................少许
盐 ..................少许

## 做法

1 罗非鱼治净，切片；豆腐皮洗净，切条；大白菜洗净，切条；豆腐切块。

2 锅热放油，爆香花椒、姜丝和香葱碎，放入鱼片滑炒，倒醋和酱油，放入白菜条、豆腐皮条、豆腐块和适量清水煮15分钟，加入盐，撒剩余香葱碎即可。

热量
120千卡

糖类
7.0克

蛋白质
17.9克

# 番茄巴沙鱼豆腐汤

## 食材

巴沙鱼 .............. 150克
嫩豆腐 .............. 100克
番茄 ................. 100克
金针菇 .............. 80克

## 调料

葱花 .................. 10克
蒜片 .................. 10克
蚝油 ................... 5克
生抽 ................... 5克
料酒 ................... 5克
胡椒粉 ................ 1克
盐 ...................... 1克

## 做法

1 番茄洗净，切小块；嫩豆腐洗净，切块；巴沙鱼洗净，切片；金针菇洗净。

2 锅置火上，倒油烧至六成热，蒜片爆香，加番茄块炒出汁，加入清水，放豆腐块和金针菇煮至沸腾，加料酒，下巴沙鱼片轻轻搅动一下，避免鱼片粘连。

3 煮至沸腾后，加入盐、蚝油、生抽、胡椒粉，改小火煮5分钟，期间要撇去表面浮沫，撒少许葱花点缀即可。

轻松减糖
point

这道汤都是低糖食材，且富含优质蛋白质、维生素C、番茄红素等，对减糖、润肤有帮助。

热量
110千卡

糖类
5.3克

蛋白质
16.2克

# 黑米藜麦饭

**食材**

大米..................50克     黑米..................20克

藜麦..................20克

**做法**

1  黑米、藜麦、大米洗净，黑米、藜麦浸泡4小时，大米浸泡30分钟。

2  电饭锅中加入黑米、藜麦、大米，加入适量水，按下"煮饭"键，煮好即可。

轻松减糖
point

藜麦含有丰富的蛋白质，搭配黑米和大米，可以让餐后血糖平稳上升，更利于减糖。

热量
**157**千卡

糖类
**32.3**克

蛋白质
**4.3**克

# 南瓜薏米饭

**食材**

南瓜.................200克          大米.................30克
薏米.................50克

**做法**

1  南瓜洗净，去皮除子，切小丁；薏米洗净，浸泡4小时；大米洗净。

2  大米、薏米、南瓜丁和适量开水放入电饭锅中，按下"煮饭"键，至电饭锅提示米饭蒸好即可。

轻松减糖
point

薏米含有薏苡仁脂、维生素B₁、膳食纤维等多种营养成分，搭配富含硒、胡萝卜素的南瓜，更利于控糖减肥。

热量
**165**千卡

糖类
**34.7**克

蛋白质
**5.1**克

# 高纤糙米饭

## 食材

糙米.................60克     薏米.................30克

绿豆.................30克     豌豆.................30克

胡萝卜.............30克

## 做法

1　绿豆、薏米、糙米洗净，浸泡4小时；豌豆洗净；胡萝卜洗净，切丁。

2　将绿豆、薏米、糙米、豌豆、胡萝卜丁一起放入电饭锅中，加入适量清水，按下"煮饭"键，煮好后稍凉即可食用。

轻松减糖
point

绿豆、薏米、糙米中含有丰富的膳食纤维，能增强饱腹感，帮助抑制餐后血糖上升。

热量
**234**千卡

糖类
**48.1**克

蛋白质
**8.9**克

# 什锦燕麦饭

## 食材

大米..................80克
虾仁..................60克
燕麦..................50克
西葫芦..............30克
洋葱..................20克
豌豆..................20克

## 调料

生抽..................3克
白胡椒粉...........少许

## 做法

1 大米洗净；燕麦洗净，浸泡4小时；将大米、燕麦和适量清水放入电饭锅煮熟，盛出。

2 豌豆洗净，入沸水煮3分钟；虾仁洗净，去虾线，切段，加白胡椒粉、少许油略腌；西葫芦、洋葱分别洗净，切丁。

3 锅置火上，倒油烧至六成热，放入虾仁段、洋葱丁、西葫芦丁翻炒，炒至洋葱丁微至透明，放入豌豆和燕麦饭，滴入生抽，翻炒片刻即可。

轻松减糖
point

燕麦可以延缓餐后血糖上升，是很好的减糖食物，搭配膳食纤维丰富的蔬菜，增强饱腹感，提高口感的同时又减糖。

热量
256千卡

糖类
53.8克

蛋白质
9.8克

# 荞麦担担面

## 食材

面粉.....................80克
荞麦粉................50克
鸡胸肉................50克
绿豆芽................50克

## 调料

生抽.....................适量
蒜末.....................5克
葱花.....................5克
香油.....................3克
盐............................1克
花椒粉................1克

## 做法

1 荞麦粉和面粉混合，加入适量清水，揉成光滑的面团，用面条机压成面条。

2 鸡胸肉洗净，煮熟，切小丁；绿豆芽洗净，入沸水烫一下，捞出。

3 碗中放入生抽、花椒粉、香油、蒜末、葱花、盐，调成味汁。

4 将荞麦面条放入开水中煮熟，捞出，加入鸡丁、绿豆芽，调入味汁即可。

### 轻松减糖 point

面条是用荞麦粉和面粉混合制作的，降低含糖量，搭配富含维生素C、钾的绿豆芽和富含蛋白质的鸡胸肉，减糖又饱腹。

热量 270千卡

糖类 43.0克

蛋白质 14.8克

# 鸭丝菠菜面

## 食材

菠菜.................200克
去皮鸭肉..........100克
面粉.................80克
圣女果.............50克
小白菜.............50克
鲜香菇.............50克

轻松减糖
point

将菠菜糊和面粉混合，可以增加维生素和膳食纤维的摄入；加入脂肪含量少的去皮鸭肉及富含维生素的圣女果、小白菜，增强饱腹感，减脂减糖。

## 做法

1 菠菜择洗干净，只取叶子，煮熟后放入料理机打成糊。

2 面粉倒入大碗中，加菠菜糊搅拌均匀，揉成面团，用保鲜膜覆盖，静置15分钟。

3 圣女果洗净，切碎；小白菜择洗干净，切碎；鸭肉洗净，切丝，煮熟；香菇洗净，去蒂，煮熟后切碎。

4 将醒好的面团擀成薄厚均匀的面片，再切成粗细均匀的面条。

5 另取锅，加适量清水煮沸后下面条、熟鸭丝、香菇碎，再次煮沸后转小火，放入小白菜碎、圣女果碎煮至面条熟软即可。

热量
309千卡

糖类
36.3克

蛋白质
17.8克

# 豆腐比萨

## 食材

豆腐.................300克
金枪鱼罐头.........80克
柿子椒...............60克
鸡蛋...................1个
玉米粒...............40克
奶酪...................20克

## 调料

比萨酱...............10克
橄榄油.................4克
盐.......................2克

## 做法

1 柿子椒洗净，去蒂及子，切丁；豆腐洗净，切块，放入碗中，打入鸡蛋，加盐搅拌均匀。

2 烤盘刷一点橄榄油，把豆腐块均匀地铺在底层，上面铺一层比萨酱。

3 豆腐上再铺上金枪鱼、玉米粒和柿子椒丁，最上面放奶酪。

4 烤盘放入烤箱，180℃上下火烤20分钟即可。

轻松减糖
point

用豆腐代替精白米面，不仅可以减掉一大部分碳水，而且豆腐具有很强的饱腹感，且蛋白质丰富，更适合减糖人群食用。

热量
**261**千卡

糖类
**11.1**克

蛋白质
**25.3**克

# 简约时尚的居家减糖晚餐

晚饭要少吃，晚饭吃得太多会加重胃肠道负担。晚上当身体要休息的时候，胃肠道还在工作，就会影响睡眠质量。另外，晚上吃得太多容易长胖，晚上人们的活动量减少了，机体所摄入的热量若无法代谢掉，就容易形成脂肪堆积体内，所以晚饭一定要尽量少吃。

| 晚餐的营养搭配 | 以海鲜、禽肉类白肉为主，搭配豆蛋奶。主食相对于午餐可减量，搭配调味清淡的蔬菜，或者可以选择汤类以增加饱腹感。清爽无负担是减糖晚餐的主旨。 |
|---|---|

## 樱桃蔬菜沙拉

### 食材

樱桃.................200克
苦菊.................100克
红彩椒.............100克
黄彩椒.............100克
酸奶.................20克

### 做法

1 樱桃洗净，去核；苦菊洗净，切段；红彩椒、黄彩椒洗净，去蒂及子，切块。

2 准备好的食材放入盘中，淋上酸奶，拌匀即可。

轻松减糖
point

苦菊、彩椒的含糖量可以忽略不计，樱桃中虽然含有一定的糖分，但只要控制摄入量，搭配蔬菜做成沙拉，不会影响减糖效果。

# 凉拌小油菜

**食材**

油菜..............350克

**调料**

醋.......................5克
香油...................3克
盐.......................1克

**做法**

1　油菜放入淡盐水中浸泡5分钟，捞出洗净，煮熟。

2　将油菜放盘中，放入盐、醋拌匀，淋香油即可。

轻松减糖
point

油菜的碳水化合物含量很低，且含有丰富的维生素和膳食纤维，凉拌食用，口感清爽又开胃，即使多吃一些也不用担心发胖。

热量
**25**千卡

糖类
**3.5**克

蛋白质
**2.3**克

# 凉拌苦瓜

## 食材

苦瓜................300克

## 调料

花椒................适量
醋................少许
香油................少许
盐................少许

## 做法

1 苦瓜洗净，去子，切片，放凉水中泡10分钟，捞出，焯熟，沥干。

2 锅置火上，倒油烧至六成热，放入花椒炸香，将炸好的花椒油淋在焯好的苦瓜片上，加盐、香油、醋拌匀即可。

很多人知道菠菜含有较多草酸，其实苦瓜的草酸含量也比较高，易与体内的钙结合形成草酸钙，阻碍钙的吸收，因此吃前应焯水。在焯苦瓜的时候，水里放点盐，颜色会更绿。苦瓜含有的苦瓜素有较好的控糖作用。

热量
**33**千卡

糖类
**7.4**克

蛋白质
**1.5**克

# 炝拌银耳

**食材**

水发银耳..........100克
胡萝卜.............50克
黄瓜................50克

**调料**

香菜段.............5克
生抽.................3克
醋...................3克
盐...................1克

**做法**

1. 水发银耳洗净，撕成小朵，焯熟捞出；胡萝卜洗净，切细丝，焯熟捞出；黄瓜洗净，切细丝。

2. 将水发银耳、黄瓜丝、胡萝卜丝放盘中，加入生抽、醋、盐调味，撒上香菜段即可。

**轻松减糖**
**point**

这道菜含糖量低，且富含胡萝卜素、维生素C、膳食纤维等营养，对减糖有益，还能帮助维持视力、滋润皮肤、润肠通便。

热量
**25千卡**

糖类
**6.1克**

蛋白质
**1.0克**

# 芹菜拌鸡丝

## 食材

芹菜..............................200克

鸡胸肉..........................60克

干腐竹..........................50克

## 调料

蒜蓉..............................10克

橄榄油............................3克

盐..................................2克

轻松减糖
point

每100克腐竹中碳水化合物的含量为22.3克，但这并不代表不能吃腐竹。毕竟腐竹富含蛋白质和钙，可以单次少量食用。腐竹搭配鸡胸肉，是极佳的补钙、蛋白质、B族维生素的组合，饱腹感强，很适合健身者食用。

## 做法

1 腐竹泡发洗净，切段，入沸水中煮熟，捞出，沥干水分；芹菜择洗干净，切段，入沸水中煮熟，捞出，沥干水分；鸡胸肉冲洗干净，煮熟冷却，撕成细丝备用。

2 芹菜段、鸡丝、腐竹段放入盘中，再放入蒜蓉、盐、橄榄油拌匀即可。

热量
170千卡

糖类
4.0克

蛋白质
22.4克

热量
**203**千卡

糖类
**20.5**克

蛋白质
**14.8**克

# 意式培根沙拉

## 食材

鸡蛋.....................1个

鸡胸肉 ..............50克

紫甘蓝 ..............50克

面包.....................50克

黄瓜.....................50克

培根.......1片（30克）

苦菊..................30克

## 调料

自制沙拉酱 .........10克

料酒....................5克

盐........................1克

**自制沙拉酱**

准备内酯豆腐400克，苹果醋5克，橄榄油5克，柠檬汁5克，大蒜2瓣。将这些材料放入料理机搅打成糊即可。

## 做法

1 鸡胸肉洗净，用盐和料酒腌10分钟；鸡蛋洗净煮熟，去壳，切块；黄瓜、紫甘蓝洗净，切片；苦菊洗净，切段；面包切成小块；培根用清水浸泡以去盐分，再用厨房用纸吸干水分备用。

2 锅置火上，倒油烧至六成热，将鸡胸肉煎至两面熟透，凉凉，切片；培根用平底锅煎熟，切小段。

3 将所有备好的食材放入盘中，淋上自制沙拉酱即可。

轻松减糖
point

鸡胸肉是极佳的减糖食物，其含有丰富的锌、硒，可增强胰岛素原的转化。此外，鸡胸肉低脂、高蛋白，搭配苦菊、黄瓜、紫甘蓝这些减糖"明星"，即使有面包的加入，也有助于控糖、减糖。

# 家常炒菜花

## 食材

菜花................300克
胡萝卜..............100克
干木耳...............5克

## 调料

葱段.................10克
蒜末..................5克
盐....................2克

## 做法

1 菜花洗净，切成小朵，焯水；胡萝卜洗净，去皮，切花片，焯水；木耳用温水泡发洗净，焯水。

2 锅置火上，倒油烧至六成热，煸香蒜末、葱段，放入菜花、胡萝卜片、木耳翻炒，加盐调味即可。

热量
54千卡

糖类
12.3克

蛋白质
3.4克

# 素炒合菜

## 食材
绿豆芽 .............100克
胡萝卜 .............100克
芹菜.................100克
香干.................100克

## 调料
葱段.................10克
姜末.................10克
醋 .....................5克
香油.................3克
盐 .....................3克

## 做法

1 绿豆芽、胡萝卜、芹菜分别洗净，胡萝卜切丝，芹菜切段，香干切片。

2 锅内倒水烧沸，将芹菜段和绿豆芽分别焯水。

3 锅置火上，倒油烧至六成热，放入葱段和姜末爆香，依次放入香干片、芹菜段、胡萝卜丝、绿豆芽翻炒，加入醋提香，用香油和盐调味即可。

热量
107千卡

糖类
8.8克

蛋白质
100克

# 奶酪烤鲜笋

## 食材

竹笋.................150克

## 调料

卡夫奶酪粉.........10克
黑胡椒粉.............5克

## 做法

1  竹笋洗净，剖开，放入沸水中焯2分钟，捞出沥干水分，加入黑胡椒粉，拌匀。

2  将竹笋放在盘子里，撒奶酪粉，覆上保鲜膜封好，戳几个透气孔。

3  将竹笋放进微波炉里，用高火加热4分钟即可。

轻松减糖
point

竹笋是优质的减糖食材，具有低碳水、高蛋白、低脂、高膳食纤维的特点，适量食用可以促进胃肠蠕动，预防便秘。竹笋用烤箱烤制，美味可口又减糖。

热量
35千卡

糖类
2.7克

蛋白质
2.0克

# 蒜香茄子

**食材**

茄子................400克
蒜蓉.................30克

**调料**

葱花.................10克
盐.....................1克

**做法**

1 茄子洗净，从中间剖开划几刀，放入盘中。

2 锅内倒油烧热，放蒜蓉、葱花爆香，加入盐制成酱汁。

3 将爆香的酱汁浇在茄子上，放入蒸笼，大火蒸10分钟后取出即可。

轻松减糖
point

茄子低糖低脂且富含膳食纤维，还有助于促进钠的排出，有降压作用。和蒜蓉搭配蒸制，少油清淡，有助于减糖。

热量
**65**千卡

糖类
**14.0**克

蛋白质
**2.9**克

# 蒜蓉蒸丝瓜

**食材**

丝瓜................300克
蒜蓉.................40克

**调料**

葱花.................5克
盐.....................2克

**做法**

1　丝瓜洗净，削皮，切段，顶端中间挖浅坑。

2　锅置火上，倒油烧至六成热，下蒜蓉煸炒，加盐炒香后盛出。

3　将炒好的蒜蓉放到丝瓜浅坑里，把丝瓜放入盘中，沸水下锅，隔水蒸6分钟后取出，撒上葱花即可。

热量
**56**千卡

糖类
**11.5**克

蛋白质
**2.9**克

# 丝瓜炒鸡蛋

## 食材

丝瓜................300克
鸡蛋...................2个

## 调料

姜末...................5克
葱末...................5克
蒜末...................5克
盐.....................1克

热量
**114**千卡

糖类
**7.5**克

蛋白质
**9.8**克

## 做法

1 丝瓜去皮，洗净，切滚刀块，入沸水焯烫，捞出沥干。

2 鸡蛋打散，炒熟，盛出。

3 锅留底油烧热，爆香姜末、葱末、蒜末，放入丝瓜块翻炒1分钟，加入炒好的鸡蛋、盐炒匀即可。

> 轻松减糖
> point
>
> 丝瓜含有B族维生素和维生素C，搭配鸡蛋炒制，可口又减糖。
> 需要注意的是，烹制丝瓜宜清淡少油，这样除了能体现丝瓜的香嫩爽口、保持其青翠的色泽外，还能充分利用其所含的营养物质，最大限度发挥减糖功效。

# 葱香豆腐

**食材**
豆腐.................300克

**调料**
葱花.................15克
盐....................2克

## 做法

1 豆腐洗净，切块，放淡盐水中浸泡5分钟。
2 锅中倒油烧热，放入豆腐块煎至焦黄，放入葱花炒香，加盐调味即可。

> **轻松减糖**
> point
>
> 豆腐富含蛋白质和钙，且易被吸收，碳水化合物也不高，是非常好的减糖食物。用油煎，可以增加柔韧口感。不过需要注意的是，如果为了控制脂肪摄入量，采用蒸、炖、煮的方式更好。

热量
**126**千卡

糖类
**5.1**克

蛋白质
**9.9**克

# 肉末冬瓜

## 食材

冬瓜......................300克
猪瘦肉..................80克
枸杞子....................5克

## 调料

葱末........................5克
姜末........................5克
盐............................2克

## 做法

1 猪瘦肉洗净，剁成末；枸杞子浸泡备用；冬瓜洗净，去皮除子，切厚片，整齐地摆在盘中。

2 锅置火上，倒油烧至六成热，放入葱末、姜末炒香，放肉末炒散，加盐炒匀后盛出放冬瓜片上，再放上枸杞子，入蒸锅蒸8分钟即可。

热量
**74**干卡

糖类
**4.6**克

蛋白质
**8.8**克

# 肉末蒸蛋

## 食材

鸡蛋.....................2个
猪瘦肉.............100克

## 调料

葱末.....................适量
姜末.....................适量
生抽.....................5克
盐.........................1克

## 做法

1 猪瘦肉洗净，剁成肉末，放入葱末、姜末、生抽腌10分钟。

2 鸡蛋磕入碗中，加入少量盐和适量清水打散。

3 将腌好的肉末加入鸡蛋液中，搅拌均匀，放入蒸锅中隔水蒸15分钟即可。

轻松减糖
point

这道菜含糖量低，且富含钙、卵磷脂、维生素D、蛋白质，能减糖、促进大脑发育、帮助钙吸收。鸡蛋蒸着吃，可以解决一部分人不喜欢吃蛋黄的习惯。在制作时需要注意，蒸蛋嫩滑的关键在于水蛋的比例，一般水蛋比为2：1。

热量
155千卡

糖类
2.2克

蛋白质
18克

# 蒸圆白菜肉卷

## 食材

豆腐.................150克
猪瘦肉.............100克
胡萝卜.............80克
圆白菜叶..........50克

## 调料

盐.....................少许

## 做法

1. 猪瘦肉洗净，剁碎；豆腐洗净，切碎；胡萝卜洗净，切碎。
2. 胡萝卜碎、猪肉碎和豆腐碎一起放入碗中，加盐调匀制成馅料；圆白菜叶洗净，用开水烫软、平铺，中间放入馅料，卷起包好。
3. 将圆白菜肉卷放入蒸锅中，加适量水，蒸熟即可。

热量
154千卡

糖类
7.7克

蛋白质
15.9克

# 蒜香牛肉粒

**食材**

牛肉..................200克
蒜片..................50克
红彩椒...............30克
黄彩椒...............30克

**调料**

料酒..................5克
盐........................2克

**做法**

1 牛肉洗净，切粒，加入料酒腌渍30分钟；红彩椒、黄彩椒洗净，去蒂及子，切丁。

2 锅置火上，倒油烧至六成热，倒入牛肉粒炒至变色，倒入蒜片、红彩椒丁、黄彩椒丁和盐翻炒均匀即可。

热量
153千卡

糖类
10.1克

蛋白质
22.8克

# 蒜蓉鸡胸肉

## 食材

鸡胸肉 ............ 200克
蒜蓉 ................ 30克

## 调料

料酒 ................ 10克
生抽 ................ 10克
老抽 ................. 5克
盐 ..................... 1克

## 做法

1 鸡胸肉洗净，横刀分成两部分。

2 鸡胸肉、蒜蓉搅拌一起，加入料酒、生抽、老抽、盐，腌渍30分钟。

3 平底锅倒油烧热，将鸡胸肉放入锅内煎至两面金黄，可加少许水，加锅盖焖1分钟即可。

轻松减糖
point

煎鸡胸肉的时间不宜过长，时间过长肉质过柴，影响口感，筷子能扎透即可。蒜蓉鸡胸肉含糖量低且低脂，富含优质蛋白质，对减糖、平衡免疫都有帮助。

热量
**137**千卡

糖类
**4.8**克

蛋白质
**25.3**克

# 香菇蒸鸡

## 食材

去皮鸡肉..........200克
鲜香菇 ..............60克

## 调料

料酒.....................5克
生抽.....................5克
香油.....................4克
葱段.....................3克
姜丝.....................3克

## 做法

1 鸡肉洗净，切片；水发香菇洗净，切丝。

2 鸡肉片、香菇丝放入碗内，加入生抽、葱段、姜丝、料酒抓匀，上笼蒸熟，装盘，淋香油即可。

轻松减糖
point

鸡肉富含优质蛋白质、不饱和脂肪酸，同时还是低碳水食物，是优质减糖食物。但是，需要注意的是，鸡肉不同部位，脂肪含量不同。其中，鸡胸肉的脂肪含量很低，且富含维生素；鸡肝中的胆固醇含量很高，胆固醇高的人不要多吃；鸡皮中脂肪和胆固醇含量很高，减糖人群应去皮食用。

热量
175千卡

糖类
2.9克

蛋白质
20.0克

# 木耳熘鱼片

## 食材

草鱼肉 ............. 300克
黄瓜 ................ 100克
胡萝卜 .............. 100克
水发木耳 ........... 100克
鸡蛋清 .............. 30克

## 调料

葱丝 ................ 10克
姜丝 ................ 10克
蒜末 ................ 10克
料酒 ................. 5克
盐 ................... 2克

## 做法

1  草鱼肉洗净，切片，用鸡蛋清上浆；黄瓜洗净，切片；胡萝卜洗净，切片；水发木耳洗净，焯水；将葱丝、姜丝、蒜末、料酒调成汁。

2  锅内倒油烧热，放入胡萝卜片、木耳、盐、适量清水，烧开后，倒入鱼片、黄瓜片翻炒熟，倒入调味汁炒匀即可。

轻松减糖
point

草鱼中丰富的不饱和脂肪酸能够促进血液循环，再加上肉嫩而不腻，有很好的滋补作用。不饱和脂肪酸还能促进大脑发育，非常适宜用脑过度、记忆力衰退的减糖人士食用。

热量
216千卡

糖类
9.0克

蛋白质
28.3克

# 鲫鱼蒸滑蛋

**食材**

鲫鱼.....1条（250克）
鸡蛋.................2个

**调料**

生抽.................2克
料酒.................2克
盐.....................1克

鲫鱼和鸡蛋都属于低碳水食物，二者均含有丰富的蛋白质，蒸着吃能更好地保存食物的营养，非常适合减糖人群食用。

**做法**

1. 鲫鱼治净，两面打花刀，加料酒、生抽、盐腌渍备用。

2. 鸡蛋打散，倒入适量水，加少许油搅匀。

3. 鲫鱼放在鸡蛋液中，上屉，大火蒸15分钟即可。

热量
**219千卡**

糖类
**6.2克**

蛋白质
**29.3克**

# 银鱼炒蛋

**食材**

鸡蛋....................2个

银鱼................100克

**调料**

葱花....................3克

盐........................1克

**做法**

1. 银鱼洗净，焯水，沥干备用；鸡蛋磕入碗内，加入银鱼、葱花、盐搅拌调匀。

2. 锅置火上，倒油烧至六成热，将搅拌好的银鱼鸡蛋液倒入锅中，待蛋液凝固嫩熟，炒散即可出锅。

热量
136千卡

糖类
1.4克

蛋白质
16.5克

# 香煎三文鱼

**食材**

三文鱼 ............ 200克
熟黑芝麻 ............ 5克

**调料**

生抽 ............ 10克
料酒 ............ 5克
葱末 ............ 少许

**做法**

1　三文鱼洗净，切薄片，用料酒、生抽腌渍30分钟。

2　平底锅刷少许油，将腌渍好的三文鱼放入锅中煎至两面金黄，撒上熟黑芝麻、葱末即可食用。

轻松减糖
point

三文鱼含有丰富的蛋白质、多种维生素及丰富的不饱和脂肪酸，能够降血脂。经常食用三文鱼，既减糖又可延缓衰老。

热量
**153**千卡

糖类
**0.6**克

蛋白质
**17.7**克

# 彩椒烤鳕鱼

## 食材
鳕鱼块 ............ 250克
黄彩椒 ............ 30克
红彩椒 ............ 30克

## 调料
照烧酱 ............ 10克
黄油 ............ 5克

## 做法

1. 鳕鱼块洗净，用厨房用纸吸干水分。

2. 平底锅加热后放入黄油，待其化开后关火，放入照烧酱搅匀。

3. 将鳕鱼块放在保鲜盒内，倒入黄油照烧酱，抹匀后腌渍15分钟。

4. 黄彩椒、红彩椒洗净，去蒂及子，切丁，放入沸水中焯熟，捞出沥干。

5. 烤盘内铺入锡箔纸，刷上薄薄一层油，将鳕鱼块放在锡箔纸上，放入180℃预热的烤箱，上下火烤制15分钟。

6. 取出后用彩椒丁点缀即可。

热量
118千卡

糖类
2.5克

蛋白质
25.9克

# 五彩鳝丝

## 食材

鳝鱼..................200克
莴笋....................50克
柿子椒................30克
胡萝卜................30克
黄彩椒................30克

## 调料

葱段..................20克
姜片..................20克
料酒....................5克
盐........................3克
胡椒粉..................1克

## 做法

1  鳝鱼宰杀洗净，切丝，加盐、料酒、葱段、姜片，腌渍10分钟备用；柿子椒、黄彩椒洗净，去蒂及子，切丝；胡萝卜、莴笋洗净，去皮，切丝。

2  锅置火上，倒油烧至七成热，加入鳝鱼丝迅速炒散，加入柿子椒丝、胡萝卜丝、黄彩椒丝和莴笋丝炒至断生，加入腌渍鳝鱼的汁和胡椒粉略翻炒即可。

> 轻松减糖
> point
>
> 鳝鱼搭配柿子椒、彩椒、胡萝卜，色彩鲜艳、食材丰富、口感清淡不腻，可以为人体提供丰富的维生素，是非常好的减肥、减糖菜谱。

热量
104千卡

糖类
4.7克

蛋白质
18.8克

# 芹菜炒鳝丝

## 食材

芹菜.................200克
鳝鱼.................150克

## 调料

葱末.....................5克
姜末.....................5克
蒜末.....................5克
料酒.....................5克
酱油.....................3克
盐.......................2克

## 做法

1 芹菜洗净，切段；鳝鱼治净，切段，焯水，捞出备用。

2 锅内倒油烧热，倒入姜末、蒜末、葱末、料酒炒香，倒入鳝鱼段、酱油翻炒至七成熟，倒入芹菜段继续翻炒几分钟，加盐调味即可。

轻松减糖
point

这道菜含糖量低，且富含膳食纤维、维生素C等，能帮助减糖、促进新陈代谢、减肥瘦身。

热量
80千卡

糖类
2.7克

蛋白质
14.9克

# 蒜香牡蛎

**食材**

牡蛎肉 ............ 300克
蒜末 ................. 50克

**调料**

葱段 ................. 10克
料酒 ................... 5克
生抽 ................... 5克
盐 ....................... 1克

**做法**

1 牡蛎肉在水里浸泡5分钟，洗净。

2 锅置火上，倒油烧至六成热，煸香蒜末，放入牡蛎肉、料酒、生抽翻炒3分钟，加入葱段、盐炒匀即可。

热量
**100千卡**

糖类
**11.6克**

蛋白质
**8.5克**

# 鲜虾蒸蛋

## 食材
大虾.................200克
鹌鹑蛋.............100克
芦笋.................50克

## 调料
胡椒粉.................3克
盐.....................2克
生抽.................少许

## 做法

1 大虾只留尾部壳，背部划一刀但不划断，去虾线，洗净，用盐和胡椒粉腌渍5分钟；芦笋洗净切丁，煮熟后捞出，沥干。

2 在模具上刷植物油防粘，将腌渍好的大虾每只摆入一个模具中，每个模具打入2个鹌鹑蛋。

3 将大虾大火蒸3分钟左右出锅，加入芦笋丁，浇上生抽即可。

热量
178千卡

糖类
4.7克

蛋白质
25.7克

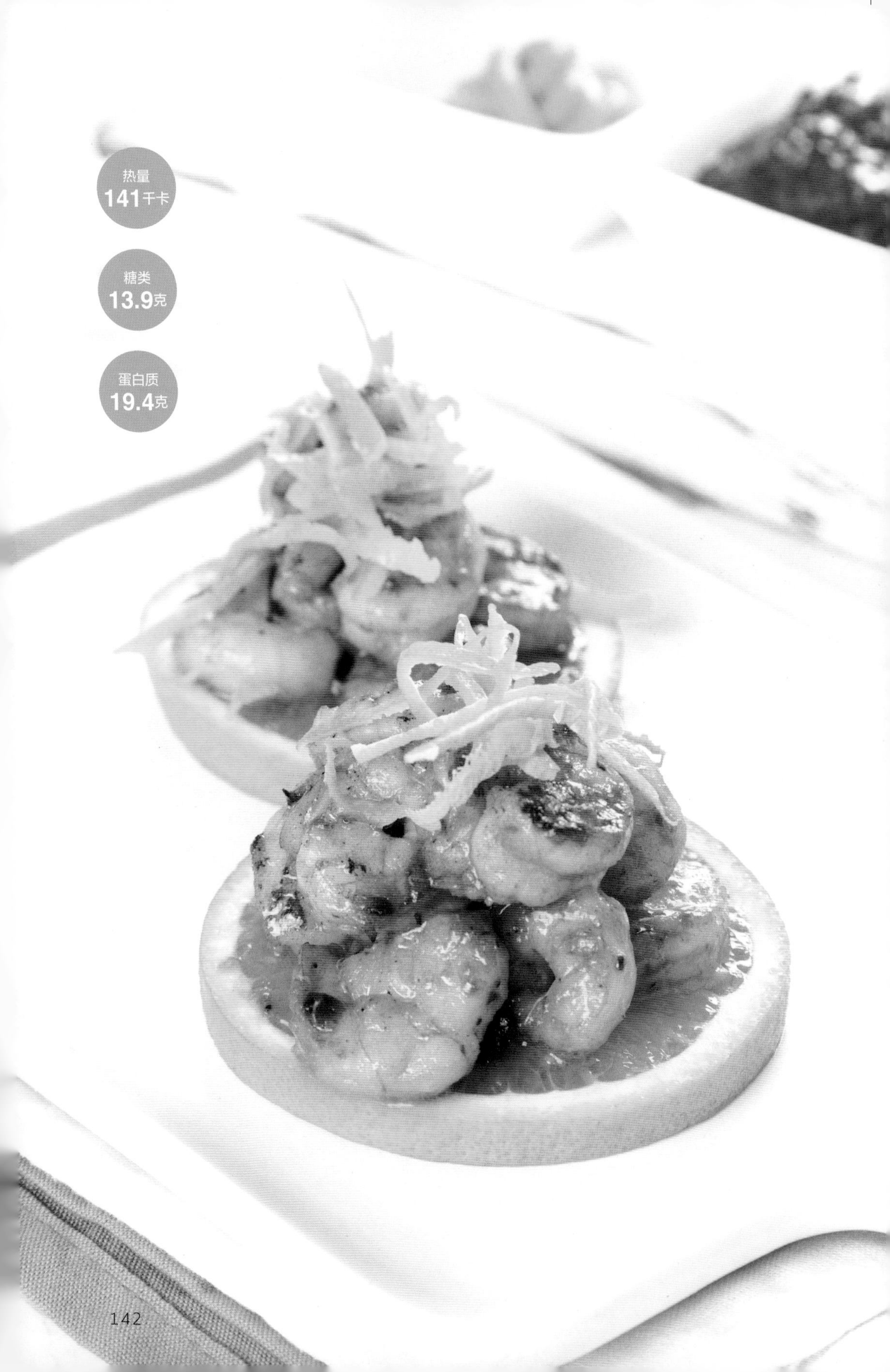

热量
**141**千卡

糖类
**13.9**克

蛋白质
**19.4**克

# 香橙黑蒜虾球

**食材**

鲜虾................200克

橙子................200克

**调料**

白葡萄酒...........30克

黑蒜................20克

橄榄油..............8克

自制沙拉酱.........5克

芥末膏..............5克

黑胡椒..............2克

盐..................1克

**做法**

1  鲜虾洗净，去壳和虾线；黑蒜去皮；用盐搓去
   橙皮，切出3~4片，剩下的刮取橙皮屑、取果肉
   切成小块。

2  黑蒜加入芥末膏混合均匀，加入沙拉酱、黑胡
   椒、橙肉混合均匀，即为黑蒜橙子酱。

3  平底锅内放入橄榄油，烧至六成热，放入鲜虾
   煎至变色，加入白葡萄酒、盐，再加入黑蒜橙
   子酱炒匀。

4  盘中放橙子片垫底，上面放上炒好的鲜虾，点
   缀适量橙皮屑即可。

轻松减糖
point

虾肉中含有丰富的蛋白质，还富含钙、镁、碘等营养物
质。这款菜品高蛋白、低碳水，非常适合减糖人群食用。

# 蔬果养胃汤

**食材**

南瓜.................80克
胡萝卜...............80克
苹果.................50克
番茄.................50克

**调料**

盐......................1克

轻松减糖
point

南瓜含有大量果胶以及合成胰岛素不可缺少的元素铬，因此是减糖人群可以选用的减糖代餐主食。苹果含有多酚类，可以抵抗自由基，抗衰老，美容养颜，还可以降血脂，保护心脑血管健康。

**做法**

1  南瓜、胡萝卜、苹果去皮，切丁；番茄洗净，用热水烫后去皮，切丁。

2  起锅热油，放入南瓜丁、胡萝卜丁、番茄丁炒至变软，加适量水，放入苹果丁，大火煮熟，改中火煮20分钟，加盐调味即可。

热量
39千卡

糖类
9.6克

蛋白质
1克

# 萝卜丝太阳蛋汤

**食材**

白萝卜 ............ 200克
鸡蛋 ................... 1个
枸杞子 ............... 5克

**调料**

葱末 ................... 5克
盐 ....................... 1克

**做法**

1 白萝卜去皮，洗净，切丝。

2 平底锅倒油烧至六成热，磕入鸡蛋，将鸡蛋煎至两面金黄即为太阳蛋。

3 锅置火上，倒油烧至六成热，放入萝卜丝炒至变色，放入太阳蛋，加适量水，中火煮10分钟。

4 放入枸杞子、盐、葱末调味即可。

热量
58千卡

糖类
4.7克

蛋白质
4.7克

# 蒸玉米棒

**食材**

鲜玉米 ............. 200克

**做法**

1　玉米棒去皮和须，洗净。
2　蒸锅置火上，倒入适量清水，放入玉米棒蒸制，
　　待锅中水烧开后再蒸30分钟即可。

轻松减糖
point

蒸、煮玉米虽然也会损
失部分维生素C，但相
较其他烹饪方式，能保
存更多的营养成分。用
玉米代替精白米面作主
食，有助于减糖。

热量
**112**千卡

糖类
**22.8**克

蛋白质
**4**克

# 土豆鸡蛋饼

## 食材

土豆.................150克
鸡蛋.....................1个
面粉.................50克

## 调料

葱花.................适量
花椒粉...............适量
盐.......................2克

## 做法

1  土豆洗净，去皮，切丝；鸡蛋打散备用。
2  土豆丝、鸡蛋液、葱花和适量面粉放在一起，加入盐、花椒粉，再加适量水搅拌均匀制成面糊。
3  锅置火上，倒油烧至六成热，放入面糊，小火慢煎。
4  待面糊凝固，翻面，煎至两面金黄即可。

热量
193千卡

糖类
31.8克

蛋白质
9.8克

# 沙丁鱼水波蛋荞麦面

**食材**

沙丁鱼罐头 .......100克

鸡蛋 ..................1个

荞麦面 .............50克

圆白菜 .............50克

胡萝卜 .............50克

紫甘蓝 .............50克

娃娃菜 ...........20克

熟黑芝麻 ...........5克

**调料**

盐 ......................1克

**做法**

1　所有蔬菜洗净，切丝，放入加了盐的沸水中煮熟，捞出。

2　荞麦面在加了盐的沸水中煮10~15分钟至熟，捞出，过凉。

3　水再次沸腾后，打入鸡蛋，煮熟，捞出。

4　将上述食材放在盘里，放入沙丁鱼，撒熟黑芝麻即可。

轻松减糖
point

沙丁鱼是非常好的高蛋白、低碳水食材，搭配维生素含量丰富的圆白菜、胡萝卜、紫甘蓝做菜，不仅能有效降低碳水化合物的摄入，还能增加饱腹感。

# 适合上班族的工作餐

　　很多上班族都选择写字楼附近的面馆、快餐店草草结束自己的午餐，然而大家也都清楚午餐的重要性，不仅要吃饱，还要吃好。工作餐如果外食应多选择烹饪方式简单的菜品，尽量保证"品类多""蔬菜多""调料少"这三个关键点。这样可以规避外卖主食多的特点，也不容易热量超标。

**工作餐的减糖要点**　如果工作餐不知道吃什么或者难以选择，选沙拉准没错，一般沙拉可以满足人们对蔬菜和肉类的摄取，相对低糖。或者用红薯、紫薯、玉米、豌豆等复合碳水化合物类食物代替，不建议吃盖浇饭和炒面类，这类食物不好控制分量，一不小心就严重热量超标。

热量
**215**千卡

糖类
**24.4**克

蛋白质
**14.1**克

# 油醋汁素食沙拉

## 食材

橙子.................80克
豆腐.................80克
鸡蛋...................1个
紫薯.................50克
生菜.................30克
黑豆.................30克
柠檬..................半个
胡萝卜...............20克
圣女果...............20克
西蓝花...............20克
豌豆.................10克
玉米粒...............10克
苦菊.................10克

## 调料

亚麻籽油............适量
醋...................适量
盐....................1克

## 做法

1 黑豆洗净，浸泡4小时；胡萝卜、圣女果、生菜、紫薯、西蓝花、苦菊、豌豆洗净，生菜撕大片，胡萝卜、圣女果切块，紫薯去皮后切块，西蓝花掰成小朵后盐水浸泡5分钟；豆腐洗净，切三角片；橙子去皮除子，切块。

2 调油醋汁：将亚麻籽油、醋、盐、挤出的柠檬汁搅拌均匀。

3 蒸锅烧水，放入胡萝卜块、紫薯块蒸熟。

4 玉米粒、西蓝花、豌豆煮熟；鸡蛋煮熟，捞出放凉，去壳，切块；黑豆用高压锅煮20分钟左右至熟透，捞出。

5 平底锅放油烧热，将豆腐片放入锅中煎至两面金黄，盛出。

6 将所有材料放入盘中，淋上油醋汁，搅拌均匀即可。

轻松减糖
point

生菜洗净后用手撕成片，吃起来会比刀切的口感更佳。做这道沙拉不用热量高的蛋黄酱或千岛酱，而用油醋汁，清爽低脂营养好。

热量
**71**千卡

糖类
**3.3**克

蛋白质
**11.7**克

# 黑椒牛肉拌时蔬

**食材**

牛里脊 .............100克
黄彩椒 ............. 40克
生菜.................100克
樱桃萝卜...........20克

**调料**

黄油...................适量
蒜片...................10克
黑胡椒粉............. 2克
盐 ....................... 2克

**做法**

1　黄彩椒、生菜、樱桃萝卜洗净，黄彩椒切条，生菜撕片，樱桃萝卜切片；牛里脊洗净，切粒。

2　平底锅烧热，放黄油炒化，放入牛肉粒煎至金黄色，放入蒜片，撒少许盐及黑胡椒粉调味。

3　将煎好的牛肉粒盛出，与准备好的蔬菜拌匀即可。

＼轻松减糖／
point

牛里脊含糖量低，脂肪少，富含蛋白质，且肉质细嫩。烹制的时候一定要注意火候，过度加热会导致蛋白质凝固，使里脊失去特有的细嫩口感。

热量
**140**千卡

糖类
**16.5**克

蛋白质
**16.1**克

# 苦菊芸豆嫩鸡胸配芋头南瓜

**食材**

鸡胸肉 .............100克

南瓜.................100克

芋头 .................80克

苦菊 .................50克

胡萝卜 ..............50克

花芸豆 .............20克

**调料**

蒜泥 ...................少许

香油 ...................少许

生抽 ...................少许

醋 .......................少许

料酒 ...................少许

盐 .......................少许

**做法**

1　所有食材洗净；鸡胸肉切块；苦菊掰成两半；胡萝卜刨丝；南瓜切片，蒸熟；芋头去皮，切块，蒸熟；花芸豆提前泡6小时后煮熟。

2　鸡胸肉放入冷水锅，加料酒煮熟，捞出，撕成丝；将蒜泥、生抽、醋、香油、盐调成酱汁。

3　把酱汁倒入胡萝卜丝、鸡丝、苦菊和花芸豆里拌匀。

4　饭盒中放上拌好的鸡丝，加入南瓜片、芋头块即可。

> 轻松减糖
> point
>
> 苦菊含有维生素C、胡萝卜素和膳食纤维，具有清热解毒、利水消肿的作用。搭配富含黏液蛋白的芋头、富含果胶的南瓜，能促进免疫球蛋白的产生，帮助机体代谢。

# 藜麦双薯鲜虾沙拉

**食材**

| | |
|---|---|
| 鲜虾 | 80克 |
| 红薯 | 50克 |
| 紫薯 | 40克 |
| 藜麦 | 30克 |
| 洋葱 | 30克 |
| 柠檬 | 30克 |
| 柿子椒 | 20克 |
| 红彩椒 | 20克 |

**调料**

| | |
|---|---|
| 亚麻籽油 | 7克 |
| 料酒 | 5克 |
| 醋 | 5克 |
| 葱段 | 5克 |
| 姜片 | 5克 |
| 盐 | 1克 |

**做法**

1 柿子椒、红彩椒、洋葱洗净，切丁；藜麦洗净；红薯、紫薯洗净，去皮，切块；鲜虾洗净，去壳、去虾线。

2 将藜麦、红薯块、紫薯块放入蒸锅中蒸熟。

3 锅中放入清水、料酒、姜片、葱段烧开，将鲜虾放入锅中，煮3分钟，捞出。

4 调油醋汁：将亚麻籽油、醋、盐、挤出的柠檬汁拌匀即是油醋汁。

5 将所有食材放入盘中，淋上油醋汁，搅拌均匀即可。

轻松减糖
point

藜麦蛋白质含量与牛肉相当，其品质也不亚于肉源蛋白质与奶源蛋白质。其糖含量、脂肪含量与热量都不太高，特别适合减糖人群食用。

热量
**156**千卡

糖类
**24.2**克

蛋白质
**10.7**克

# 白灼芥蓝虾仁

## 食材

芥蓝.................200克
虾仁.................100克

## 调料

生抽.................5克
花椒粉.................3克
盐.................2克
香油.................少许

## 做法

1 芥蓝洗净，煮熟；虾仁洗净，去虾线，用盐、花椒粉抓匀，腌渍10分钟。

2 锅置火上，倒油烧至六成热，下虾仁滑散后盛出，摆放在煮好的芥蓝上。

3 生抽、盐、香油调成白灼汁，倒在虾仁和芥蓝上即可。

热量
48千卡

糖类
4.1克

蛋白质
8.3克

热量
**211**千卡

糖类
**28.7**克

蛋白质
**18.4**克

热量
**145**千卡

糖类
**26.2**克

蛋白质
**8.9**克

# 虾仁蔬菜便当

## 食材
虾仁.................100克
圆白菜.............100克
胡萝卜...............50克
小米.................30克
大米.................20克
杏鲍菇.............30克
干木耳...............5克

## 调料
姜片.................少许
蒜末.................少许
黑胡椒.............少许
盐.....................少许
青蒜段.............少许

## 做法

1  所有食材洗净。

2  将大米和小米一起放入电饭锅中，加适量水焖成米饭，盛出备用。

3  圆白菜、胡萝卜切丝；干木耳泡发，切丝；杏鲍菇切片。

4  锅热放油，爆香蒜末，依次放胡萝卜丝、杏鲍菇片、木耳、圆白菜丝翻炒至熟，盛出。

5  锅留底油，放虾仁，加青蒜段、姜片、少许盐和适量清水，盖上锅盖，焖3分钟，和二米饭一起放入饭盒即可。

> ╲轻松减糖╱
> point
>
> 小米和大米搭配做成二米饭，更有助于减糖。虾仁含有优质蛋白质，圆白菜含有维生素C、维生素U，能呵护肠胃，适合肠胃不好的减糖人群食用。

# 黑椒牛肉杂粮饭

**食材**

牛里脊 ............... 150克

生菜 ................. 100克

黄彩椒 ............... 80克

樱桃萝卜 ............. 50克

大米 ................. 30克

绿豆 ................. 20克

糙米 ................. 20克

黑米 ................. 20克

**调料**

黑胡椒粉 ............. 适量

盐 ................... 适量

蒜片 ................. 少许

黄油 ................. 少许

**做法**

1  所有食材洗净。

2  绿豆、糙米、黑米和大米泡2小时，放在大碗中，加1.5倍水，上锅蒸30分钟，取出。

3  黄彩椒洗净，切条；生菜洗净，撕片；樱桃萝卜洗净，切片；牛里脊洗净，切粒。

4  平底锅烧热，放黄油烧化，放入牛肉粒煎至金黄色，放入蒜片，撒少许盐调味，盛出，与准备好的蔬菜拌匀，和杂粮饭放一起即可。

＼轻松减糖／
point

对于匆忙的上班族，高蛋白、低脂的牛里脊是午餐便当的佳选。搭配黄彩椒、生菜等蔬菜，营养更丰富。

# 巴沙鱼什锦饭

## 食材

巴沙鱼 ..............100克
米饭 ..................100克
火腿肠 ..............50克
玉米粒 ..............20克
胡萝卜 ..............20克

## 调料

料酒 ....................5克
盐 ........................1克
葱末 ....................1克

## 做法

1 巴沙鱼洗净，切丁，用料酒腌渍15分钟；火腿肠切丁；胡萝卜洗净，切丁。

2 平底锅起锅热油，放入巴沙鱼丁，煎至两面金黄，盛出备用。

3 锅底留油，加入胡萝卜丁、玉米粒，火腿肠丁、米饭、巴沙鱼丁翻炒均匀，加盐、葱末调味即可。

轻松减糖
point

巴沙鱼肉质细嫩，富含优质蛋白质，搭配大米和胡萝卜、玉米粒、火腿肠做成什锦饭，适合有轻度减糖需求的人群。

热量
**165**千卡

糖类
**20.0**克

蛋白质
**13.2**克

# 茼蒿瘦肉胡萝卜通心粉

## 食材

茼蒿.................150克
猪瘦肉.............100克
通心粉.............100克
胡萝卜...............80克

## 调料

料酒.................适量
盐 ....................适量
葱花.................少许
姜片.................少许
酱油.................少许

## 做法

1 所有食材（除通心粉）洗净；胡萝卜切块；猪瘦肉切块，焯去血水；茼蒿切段；通心粉煮熟。

2 锅热放油，爆香葱花和姜片，放肉块翻炒片刻，加料酒、酱油翻炒均匀，加胡萝卜块和适量水煮熟，汤少时加茼蒿段和通心粉稍炒，撒盐调味即可。

轻松减糖
point

通心粉含有丰富的B族维生素以及钾、钙、镁等矿物质。猪瘦肉富含蛋白质、铁等，与通心粉、茼蒿、胡萝卜搭配，具有高饱腹感，是一道充饥减脂餐。

热量
**279**千卡

糖类
**44.8**克

蛋白质
**17.9**克

# 什锦意面

## 食材

意大利面..........100克
圣女果.............40克
牛肉..............40克
洋葱..............20克

## 调料

盐................1克

## 做法

1 将意大利面放入沸水中，加几滴食用油煮15分钟，捞出过凉。

2 牛肉洗净，切末；番茄洗净，去皮，切小块；洋葱去老皮，洗净，切碎。

3 平底锅放油烧至六成热，放入洋葱碎煸香，倒入肉末和番茄块翻炒至浓稠，加适量盐调味，盛出，拌入煮好的意大利面中即可。

> **轻松减糖 point**
>
> 意大利面是常见的西餐食材，番茄肉酱也是比较传统的做法。这款什锦意面富含优质蛋白质、多种维生素。但又比普通面粉制作的面条含糖量少，是不错的减糖餐选择。

热量
**208千卡**

糖类
**40.2克**

蛋白质
**10.5克**

# 鸡腿圆白菜荞麦面

## 食材

圆白菜 ............ 150克
鸡腿 ................. 125克
荞麦面 ............ 100克

## 调料

香油 ................. 适量
葱段 ................. 少许
姜片 ................. 少许
蚝油 ................. 少许
生抽 ................. 少许
盐 .................... 少许

## 做法

1. 鸡腿洗净，用刀划两下，加盐、生抽腌渍2小时；圆白菜洗净，撕成小块，煮熟捞出。

2. 锅置火上，倒油烧至六成热，加葱段、姜片炒香，加入鸡腿翻炒，加适量清水小火慢炖至熟，加蚝油调味，起锅。

3. 锅内倒入清水烧开，放入荞麦面煮熟，捞出。

4. 将荞麦面加香油、鸡腿、圆白菜块即可。

轻松减糖
point

圆白菜和鸡腿的含糖量低，主食选的是荞麦面而不是普通面条，也能帮助减糖。

热量
**184**千卡

糖类
**17.8**克

蛋白质
**16.8**克

# 适合把酒言欢的宴客餐

在家宴客是对朋友最高规格的礼遇和款待，能带回家吃饭的人都是能记在心里的人。宴客菜应有荤有素，有热有凉，菜的分量不用太多，种类可以多一点，控制主食量，在愉悦的氛围内轻松减糖。

| 宴客餐的减糖要点 | 每道菜的分量根据人数来定，可以稍微少点儿，菜品多点儿。 | 饮品选择上，可选择绿茶、薄荷茶、柠檬茶等，味道清新，热量低；奶类如牛奶、酸奶等也是不错的选择，对控糖、补钙、改善胃肠功能等有益。 |
| --- | --- | --- |

## 果仁菠菜

**食材**

菠菜.................200克
核桃仁.............30克

**调料**

醋.......................3克
盐.......................2克
香油...................少许

**做法**

1 菠菜洗净，放入沸水中煮熟，捞出沥干，切段。

2 锅置火上，用小火煸炒核桃仁至出香味，取出压碎。

3 将菠菜段和核桃碎放入盘中，加入盐、香油、醋搅拌均匀即可。

热量
**131**千卡

糖类
**5.6**克

蛋白质
**4.9**克

# 水果杏仁豆腐

## 食材

牛奶.................100克
杏仁豆腐...........60克
西瓜.................30克
香瓜.................30克
猕猴桃.............30克

## 做法

1. 西瓜取果肉,去子,切小块;香瓜洗净,去皮除子,切小块;猕猴桃去皮,切小块;杏仁豆腐切小块。

2. 切好的水果块和杏仁豆腐放入碗中,加入牛奶即可。

热量
66千卡

糖类
7.5克

蛋白质
3.4克

# 皮蛋豆腐

## 食材

豆腐.................300克
皮蛋..................50克

## 调料

姜末....................适量
香油....................适量
蒜泥..................20克
葱花..................10克
生抽..................10克
醋......................10克
盐........................1克

## 做法

1　皮蛋去壳，洗净，切块；豆腐洗净，切块。

2　皮蛋块、豆腐块放入盘中，加生抽、醋、盐、蒜泥、姜末、香油、葱花拌匀即可。

\轻松减糖/
point

皮蛋豆腐含有丰富的优质蛋白质、丰富的植物雌激素，且含糖量不高，能帮助减糖瘦身、加快新陈代谢、美容护肤。

热量
**171**千卡

糖类
**6.6**克

蛋白质
**13.6**克

# 荷兰豆拌鸡丝

## 食材

鸡胸肉 ............ 200克

荷兰豆 ............ 100克

## 调料

蒜蓉 .................. 10克

香油 .................... 3克

盐 ........................ 2克

醋 ...................... 少许

## 做法

1 鸡胸肉洗净，煮熟，捞出冷却，撕成细丝；荷兰豆洗净后切丝，放入沸水中煮熟。

2 将鸡丝、荷兰豆丝放入盘中，放入蒜蓉、盐、香油、醋拌匀即可。

轻松减糖
point

这道菜含糖量低，且低脂、高蛋白，能增加饱腹感，减少热量摄入。

热量
**133**干卡

糖类
**3.1**克

蛋白质
**25.9**克

# 凉拌手撕鸡

## 食材

鸡胸肉 ............ 200克
黄瓜 ................. 50克
柿子椒 .............. 30克
红彩椒 .............. 30克

## 调料

葱丝 ................. 10克
蒜末 ................. 10克
香菜末 ............... 5克
葱段 .................. 5克
姜片 .................. 5克
醋 .................... 5克
料酒 .................. 5克
花椒油 ................ 5克
盐 .................... 4克

## 做法

1 鸡胸肉洗净；柿子椒、红彩椒洗净，去蒂及子，切丝；黄瓜洗净，切丝。

2 锅内加清水，放入鸡胸肉、料酒、葱段、姜片、盐烧开，煮10分钟后捞出鸡胸肉，凉凉，用手撕成丝，装盘。

3 将醋、盐、花椒油调成汁，淋在鸡丝上，加入葱丝、蒜末、香菜末、柿子椒丝、红彩椒丝和黄瓜丝拌匀即可。

轻松减糖
point

鸡胸肉富含蛋白质，柿子椒和黄瓜富含维生素C，三者都是低糖食材。如果用的是鸡腿肉，记得去皮，能减少脂肪含量，利于控糖瘦身。

热量
**129**千卡

糖类
**2.8**克

蛋白质
**25.1**克

# 卤鸡爪

## 食材

鸡爪..................200克

## 调料

生抽..................10克
姜片..................10克
蒜片..................10克
桂皮...................5克
干辣椒................5克
代糖...................5克
大料...................1个

## 做法

1  鸡爪洗净，冷水入锅焯烫过凉。

2  锅内放少许油，加代糖炒出焦糖色，加姜片、蒜片、大料、桂皮、干辣椒、生抽炒香，倒清水，水开后下鸡爪，改中火煮15分钟。

3  鸡爪连汤盛出，浸泡3小时即可。

轻松减糖
point

这道菜含糖量低，富含优质蛋白质，能帮助减糖、促进新陈代谢、增强肌肉力量。

热量
**254**千卡

糖类
**2.7**克

蛋白质
**23.9**克

# 黄瓜拌鸭丝

## 食材

黄瓜.................200克
去皮鸭肉..........100克

## 调料

蒜末....................5克
盐 .......................3克
香油....................3克

## 做法

1　鸭肉洗净，煮熟，撕成丝；黄瓜洗净，切丝。
2　取盘，放入鸭丝和黄瓜丝，加盐、蒜末和香油拌
　匀即可。

热量
136千卡

糖类
3克

蛋白质
8.6克

# 清炒苋菜

**食材**

苋菜.................300克

**调料**

蒜末...................5克
盐.......................2克

**做法**

1 苋菜洗净，切段。
2 锅置火上，倒油烧至六成热，下蒜末爆香，放入苋菜段翻炒，出锅前加盐炒匀即可。

热量
**50千卡**

糖类
**8.9克**

蛋白质
**4.2克**

# 清炒扁豆丝

**食材**

扁豆.................300克

**调料**

蒜片.................10克
蒜末..................5克
盐....................2克

**做法**

1 扁豆择去两头，洗净，切丝。

2 锅置火上，倒油烧至六成热，放入蒜片煸炒出香味，放入扁豆丝翻炒，为避免烧焦可以加一点儿水，加蒜末略炒，加盐调味即可。

轻松减糖
point

扁豆含有较多矿物质、维生素，而且味道清香美味。这道菜做法简单，不仅可增加膳食纤维摄入，而且可平稳血糖。

热量
**48**千卡

糖类
**11.1**克

蛋白质
**3.5**克

热量
**119**千卡

糖类
**3.9**克

蛋白质
**11.1**克

# 五彩蔬菜牛肉串

**食材**

牛排.................100克

洋葱.................30克

柿子椒.............30克

胡萝卜.............30克

鲜香菇.............30克

**调料**

自制烧烤料.........10克

**自制烧烤料**
将孜然粉、黑胡椒粉、生姜粉、肉桂粉、丁香粉和豆蔻粉倒进玻璃罐里，拧上盖子，然后用手摇罐子，使所有调料混匀即可。

**做法**

1　洋葱、香菇洗净，切块；柿子椒洗净，去蒂及子，切块；胡萝卜洗净，切片；牛排洗净，切丁。

2　锅置火上，倒油烧至六成热，牛排丁煎至五成熟。

3　将上述食材穿成串，刷一层植物油和烧烤料，放进180℃预热的烤箱中层，上下火烤15分钟即可。

轻松减糖
point

牛肉富含优质蛋白质，能提高机体抗病能力。其所含的锌可以提高胰岛素原的转化率，有助于增强肌肉和脂肪细胞对葡萄糖的利用。

# 五香酱牛肉

## 食材

牛肉.............. 1000克

## 调料

花椒.................. 适量
香叶.................. 适量
大料.................. 适量
白芷.................. 适量
干辣椒.............. 适量
丁香.................. 适量
葱花.................. 适量
姜片.................. 10克
葱段.................. 10克
蒜片.................. 10克
料酒.................. 10克
老抽.................... 5克
盐........................ 4克

## 做法

1  牛肉洗净，扎小孔，以便腌渍入味，放姜片、蒜片、葱段、盐、料酒，抓匀后腌渍2小时。

2  锅置火上，倒油烧至六成热，放老抽炒匀，加适量清水，放牛肉，倒入腌渍牛肉的汁，大火煮开，撇去浮沫，倒入花椒、香叶、大料、干辣椒、白芷、丁香，中小火煮至牛肉用筷子能扎透即可关火。

3  煮好的牛肉继续留在锅内自然凉凉，捞出沥干，切片，点缀葱花即可。

注：此菜因烹制时间较长，可以一次多做一些，随吃随取。每人每天推荐摄入牛肉40~75克，1000克约为2个人一周的量。这里的三大营养素数据按照75克牛肉的数据提供。

# 虾仁山药

## 食材

虾仁....................100克
山药....................100克
柿子椒...............50克
干木耳.................5克

## 调料

蚝油....................6克
蒜片....................5克

轻松减糖
point

这道菜可以补充B族维生素、维生素C、钙、铁等多种营养素。山药是低脂、高膳食纤维食物，饱腹感特别强，对血糖影响小于精白米面；虾仁含有丰富的优质蛋白质，而且低脂，有利于减脂增肌。

## 做法

1 虾仁洗净，去虾线；山药洗净，去皮，切片；柿子椒洗净，去蒂及子，切片；木耳用清水泡发，洗净，焯水。

2 锅置火上，倒油烧至六成热，放入蒜片爆香，放入山药片炒1分钟，加入木耳、虾仁翻炒2分钟，加入柿子椒片、蚝油继续翻炒2分钟即可。

热量
66千卡

糖类
9.2克

蛋白质
6.7克

# 双椒鱿鱼

## 食材
鱿鱼..................100克
柿子椒..............80克
黄彩椒..............80克
洋葱..................50克

## 调料
生抽..................5克
盐......................2克
孜然粉..............2克
姜末..................少许
蒜末..................少许

## 做法

1 鱿鱼洗净，切花刀，焯水，沥干水分；柿子椒、黄彩椒洗净，去蒂及子，切块；洋葱洗净，切块备用。

2 锅置火上，倒油烧至六成热，依次放入姜末、蒜末、洋葱块爆炒，再放入鱿鱼、柿子椒块、黄彩椒块翻炒至熟，加入生抽、孜然粉、盐，翻炒均匀即可。

热量
74千卡

糖类
10.1克

蛋白质
6.4克

# 满足味蕾的下午茶

减糖过程中，难免遇上"道理都懂，可还是忍不住想吃两口甜的"的情形。也无妨，下面就为大家介绍几款低糖下午茶。

| 下午茶的减糖要点 | 用天然甜味剂代替白糖。 | 用全麦粉、杏仁粉等代替普通面粉。 | 选择健康、低卡、低糖的食材。 |
|---|---|---|---|
| |  |  |  |

## 果干烤布丁

### 食材

牛奶................200克  蔓越莓干..........10克
鸡蛋..................2个  葡萄干.............10克

### 做法

1  葡萄干用清水浸泡10分钟；鸡蛋打入碗中，倒入牛奶一起搅拌均匀。

2  把搅拌好的牛奶蛋液过筛2~3次，放置半小时。

3  小瓶中放入葡萄干，倒入牛奶蛋液，表面加盖锡箔纸。

4  将小瓶放到加满水的烤盘中，放入烤箱，165℃烤35分钟，取出点缀葡萄干、蔓越莓干即可。

> 轻松减糖
> point
>
> 这款烤布丁不加糖、不加甜味剂，食材简单、含糖量少，是加餐不错的选择。

热量
**184**千卡

糖类
**14.8**克

蛋白质
**11.4**克

# 橙香蒸糕

**食材**

鸡蛋.....................3个
橙子.................100克
低筋面粉...........80克

**调料**

代糖....................10克

**做法**

1 橙子对切成两半，一半用榨汁机榨汁，一半切片；将鸡蛋打入碗中，加代糖后用打蛋器打发至蓬松，加适量油，与低筋面粉、橙汁一起搅拌均匀成面糊。

2 准备小碗，碗底放入一片橙子，在碗边缘刷一层薄油，再倒入拌好的面糊。

3 碗上盖一层保鲜膜，蒸30分钟，关火继续闷5分钟即可。

热量
**295**千卡

糖类
**39**克

蛋白质
**15.5**克

# 坚果草莓酸奶

## 食材

原味酸奶.........300克     腰果.................10克

草莓.................50克     开心果仁..........10克

核桃仁..............10克

## 做法

1  草莓去蒂，洗净，切小丁。

2  将酸奶放入碗中，将草莓丁、核桃仁、开心果
   仁、腰果撒在酸奶上，搅拌均匀即可。

轻松减糖
point

坚果草莓酸奶富含优质
蛋白质、钙、维生素C、
维生素E等，饱腹感强，
可以帮助减糖、缓解疲
劳、滋润皮肤。

热量
**205**千卡

糖类
**20.7**克

蛋白质
**7.7**克

# 草莓奶昔

## 食材
草莓................200克
牛奶................150克

## 调料
盐 ....................少许

## 做法

1  草莓放入淡盐水中浸泡5分钟，去蒂，洗净。
2  将草莓切块，放入料理机中打成泥。
3  草莓泥中加入牛奶，用料理机打成奶昔，装杯
   即可。

热量
81千卡

糖类
10.8克

蛋白质
3.5克

# 附录

# 一日三餐搭配

## 减糖要符合自身的生活习惯

### 如果三餐在家吃

就要保证每天都有肉类、蛋类、豆制品、菌菇、蔬菜，以保证蛋白质、膳食纤维、维生素和矿物质的摄入。

### 如果需要点外卖

外卖中主食的分量一定要掌握好，可以采用主食减半的方法。比如米饭部分打包，留着下一顿吃；面条减量，多搭配蔬菜。

### 拒绝甜饮料

甜饮料含糖较多，每100克平均含有添加糖7克。甜饮料是日常生活中摄入添加糖的主要来源，建议不喝或少喝。

# 一日三餐搭配示例

早餐

午餐

晚餐

### 早餐

鲜牛奶200克

金枪鱼开放式三明治
160克（P67）

注：此搭配示例是一人
一天的建议，大家可以
根据自己的喜好替换同
类食材的食物。少吃碳
水，适当增加蔬果、肉
类、豆类、奶类等的摄
入，更有利于减糖。

### 午餐

黑米藜麦饭50克
（P105）

双花炒木耳250克
（P78）

黄焖鸡250克
（P91）

子姜羊肉175克
（P89）

### 晚餐

红薯1个（150克）

素炒合菜200克
（P121）

鲫鱼蒸滑蛋200克
（P134）